· 超级思维训练营系列丛书 ·

神机妙算拼智慧

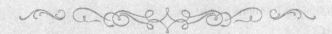

田永强 ◎ 编著

看看你的指挥能力 ── ☆ ── 博弈人生从这里开始

中国出版集团　现代出版社

图书在版编目(CIP)数据

神机妙算拼智慧 / 田永强编著. —北京:现代出版社,
2012.12(2021.8 重印)

(超级思维训练营)

ISBN 978 – 7 – 5143 – 1002 – 3

Ⅰ.①神… Ⅱ.①田… Ⅲ.①思维训练 – 青年读物②思维
训练 – 少年读物 Ⅳ.①B80 – 49

中国版本图书馆 CIP 数据核字(2012)第 275899 号

作　　者	田永强
责任编辑	李　鹏
出版发行	现代出版社
通讯地址	北京市安定门外安华里 504 号
邮政编码	100011
电　　话	010 – 64267325　64245264(传真)
网　　址	www.xdcbs.com
电子邮箱	xiandai@ cnpitc.com.cn
印　　刷	北京兴星伟业印刷有限公司
开　　本	700mm×1000mm　1/16
印　　张	10
版　　次	2012 年 12 月第 1 版　2021 年 8 月第 3 次印刷
书　　号	ISBN 978 – 7 – 5143 – 1002 – 3
定　　价	29.80 元

前　言

　　每个孩子的心中都有一座快乐的城堡,每座城堡都需要借助思维来筑造。一套包含多项思维内容的经典图书,无疑是送给孩子最特别的礼物。武装好自己的头脑,穿过一个个巧设的智力暗礁,跨越一个个障碍,在这场思维竞技中,胜利属于思维敏捷的人。

　　思维具有非凡的魔力,只要你学会运用它,你也可以像爱因斯坦一样聪明和有创造力。美国宇航局大门的铭石上写着一句话:"只要你敢想,就能实现。"世界上绝大多数人都拥有一定的创新天赋,但许多人盲从于习惯,盲从于权威,不愿与众不同,不敢标新立异。从本质上来说,思维不是在获得知识和技能之上再单独培养的一种东西,而是与学生学习知识和技能的过程紧密联系并逐步提高的一种能力。古人曾经说过:"授人以鱼,不如授人以渔。"如果每位教师在每一节课上都能把思维训练作为一个过程性的目标去追求,那么,当学生毕业若干年后,他们也许会忘掉曾经学过的某个概念或某个具体问题的解决方法,但是作为过程的思维教学却能使他们牢牢记住如何去思考问题,如何去解决问题。而且更重要的是,学生在解决问题能力上所获得的发展,能帮助他们通过调查,探索而重构出曾经学过的方法,甚至想出新的方法。

　　本丛书介绍的创造性思维与推理故事,以多种形式充分调动读者的思维活性,达到触类旁通、快乐学习的目的。本丛书的阅读对象是广大的中小学教师,兼顾家长和学生。为此,本书在篇章结构的安排上力求体现出科学性和系统性,同时采用一些引人入胜的标题,使读者一看到这样的题目就产生去读、去了解其中思维细节的欲望。在思维故事的讲述时,本丛书也尽量使用浅显、生动的语言,让读者体会到它的重要性、可操作性和实用性;以通俗的语言,生动的故事,为我们深度解读思维训练的细节。最后,衷心希望本丛书能让孩子们在知识的世界里快乐地翱翔,帮助他们健康快乐地成长!

目　录

第一章　侦探破案

第二章　推理故事

神机妙算拼智慧

第三章 奇妙的结局

神机妙算拼智慧

第一章 侦探破案

报案的人

一天晚上,某公司经理 A 独坐在家里,他的朋友 B 打来电话,两人只是说了几句话,突然 A 家里门铃响了。"请您稍等,我马上去开门。"门开了,闯进一个戴墨镜的家伙,一拳将 A 打倒。不速之客一句话也不讲,用一根木棒向 A 的头上猛击。A 立刻倒在血泊中,倒下之前只来得及喊一声"救命!"但那个声音很弱,邻居也不会听见。罪犯跑到保险箱前,想偷里面的钱。

但出乎罪犯的意料之外,没等他把东西拿走,警察就赶到了现场。

你知道是谁报的案?

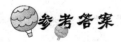参考答案

报案者正是和经理 A 通电话的 B。

而对方在等电话时,听到话筒中传来"救命"的呼声,就马上向警方报案。

"沙漠之狐"的战法

第二次世界大战时,在北非的沙漠里,英国的坦克军团与德国的军团对峙着。

英国有800辆坦克,德国人只有340辆坦克和一些卡车,数量还不到英国军队的一半。这一军事情报早为德军隆美尔将军得知。

素有"沙漠之狐"之称的隆美尔,用望远镜想看一下英军的情况,但他没有看到英军的坦克,因为沙漠起伏不平,沙子很大。

隆美尔边观察边拼命思考:"从火力上看,坦克面对面进攻一定吃败仗,那该怎么办呢?"

隆美尔突然想到一个方法,充满信心地下令:"立刻开始战斗。"

但是,这命令并非指坦克开始攻击,而是命令卡车全部出动。

聪明的朋友,你知道隆美尔采取的是什么战法吗?

参考答案

他命令卡车绕大圆圈行驶,这样四处的沙尘会到处飞扬。英军由于毫不知情,以为大量坦克攻打过来了,不知道如何是好。而隆美尔将军等到时机成熟后,再发出命令:"卡车后退,坦克全速前进!"

于是在德国坦克猛烈的攻击下,英军只有撤退,狡猾的"沙漠之狐"终于获胜。

绝密文件

某国间谍008被派到B国调查军事情报。他已顺利完成任务,并且把所得的文件,拍成微型胶卷,乘飞机飞回自己的国家。

在飞机上,008从飞机上向本部报告:"我已把胶卷藏在飞机上最安全的地方,就算飞机出事故,也不会被损坏……"话还未说完,他突然大叫道:

"啊! 飞机有炸弹!"

紧接着,电信中断,随之而来的是飞机失事。

该国情报局立即派出大批情报人员到失事现场寻找胶卷。但是飞机都被炸了,到哪里去找呢?

008说过,胶卷放在了飞机上最安全的地方,请问你能找到这个胶卷吗?

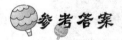参考答案

通常飞机失事时,机尾都会被保存的。

小个子的侦探

"只要我努力,像我这么矮的侦探,也是可以有一番作为的。"世界上最矮的侦探、身高只有1.14米的路西奥·平克曾经这样说过,真可谓人矮志不短。

侏儒身材并没有影响他的破案,相反,还为他侦破不少案件,提供了其

他侦探所不曾有的方便。

一次，一个富翁担心儿子被绑架，聘请平克做保镖。平克干脆穿起校服，与富翁的儿子一起上学。一天，当他俩离开学校时，一辆汽车里突然跳出了一个大汉，冲向富翁的儿子想要绑架他。平克见状立即带着富翁的儿子跑进一间拥挤的商场，混入人海之中，因此逃脱了绑架。

还有一回，平克与另一名侦探要调查军火商是否出入一家豪华大酒店。但酒店拒绝他们翻阅住客登记册，并将登记册锁在经理办公室内。然而，平克去体育用品店买了一只大提袋，顺利地找到了登记册，完成了任务。

请问，平克是怎样完成任务的？

原来平克自己钻进体育用品袋中,让另一个侦探拎到酒店里,声称要寄存袋子,然后也放在经理室。平克待经理离开后,爬出袋子,找到登记册,拍完照,又钻回袋里凯旋。

"安妮"的扮演者

思道布音乐剧团决定在今年上演《安妮》这出戏剧,不过得找一个能扮演10岁的小安妮的演员。昨晚,导演卢克·夏普让四个候选演员做了预演,结果都不满意。从以下的信息,请你推断出她们演出的顺序、各自的职业和她们不适合扮演安妮这个角色的理由。

提 示

1. 图书管理员由于她1.8米的身高而与这个角色不符。

2. 艾达·达可怀孕了,不能扮演安妮。

3. 第二个参加预演的是个家庭主妇,但她不是蒂娜·贝茨。

4. 第一个参加预演的是一个长相丑陋的人,她被导演卢克描述成孤儿小安妮的"错误形象",她是太成熟的清洁工。

5. 科拉·珈姆是参加预演的最后一个。

6. 基蒂·凯特是一家服装店的助手在思道布市场。

神机妙算拼智慧

推 理

第二个预演的是家庭主妇(提示3)。因被描述成"错误形象"而淘汰的女士是第一个预演的,她不是图书管理员,也不是清洁工(提示4),图书管理员由于她太高了,(提示1),因此她只能是服装店的助手基蒂·凯特(提示6)。第二个预演的家庭主妇不是蒂娜·贝茨(提示3),也非科拉·珈姆,因为她是第四个预演的(提示5),那么她只可能是艾达·达可,她不是因为太成熟而被淘汰的(提示2),通过排除法,她只能是怀孕了,太成熟的只能是清洁工。所以,我们知道第三个预演的是图书管理员,所以她不是科拉·珈姆,只能是蒂娜·贝茨。剩下第四个预演的肯定是科拉·珈姆,太成熟的清洁工。

参考答案

第一个,基蒂·凯特,服装店助手,错误形象。

第二个,艾达·达可,家庭主妇,怀孕了。

第三个,蒂娜·贝茨,图书管理员,个子太高。

第四个,科拉·珈姆,清洁工,太成熟。

足球解说员

阿尔比恩电视台专门从节目《两个半场比赛》的足球解说员中抽调了几位,用来担任欧洲青年足球锦标赛报道的部分解说。这些解说员将分别陪同四支英国球队中的一支,现场讲解球队的首场比赛。从以下给出的信息,请你说说是什么资历使他们成为足球解说员的？哪支是他们所陪同的球队以及各球队分别要去哪个国家？

提　示

1.随北爱尔兰队去国外是杰克爵士。

2.默西塞德郡联合队曾经的经营者将去比利时。

3.阿里·贝尔不是伴随英格兰队的解说员,现在跟随英格兰的解说员现在在挪威。

4.曾是谢母司队守门员的足球解说员现在在威尔士队,而作为前足球记者的解说员虽然从来没有踢过球,但对足球了如指掌,他伴随的不是苏格兰队。

5.跟随英国队的解说员是佩里·奎恩,他将去俄罗斯,参加和俄罗斯青年队的解说,不过他从来没进过球。

推　理

跟随北爱尔兰球队的是杰克爵士(提示1),佩里·奎恩将去俄罗斯(提示5),和英格兰队与挪威有关的解说员不是阿里·贝尔(提示3),只能是多·恩蒙。前守门员在威尔士队(提示4),他不去比利时,因为他要去比利时,前守门员也不去俄罗斯(提示5),因此他只能去匈牙利,通过排除法,他是阿里·贝尔。而佩里·奎恩和苏格兰队有关。现在我们知道了3位评议员的目的地,因此去比利时的前经营者必定是杰克爵士,他跟随北爱尔兰队。最后,从提示4中知道,前记者不是佩里·奎恩,所以只能是多·恩蒙,和英格兰队和挪威有关,因为佩里·奎恩和苏格兰队及俄罗斯都有一定联系,从而说明他是前足球前锋。

🎈参考答案

杰克爵士,前经营者,北爱尔兰队,比利时。

阿里·贝尔,前守门员,威尔士队,匈牙利。

多·恩蒙,前足球记者,英格兰队,挪威。

佩里·奎恩,前足球先锋,苏格兰队,俄罗斯。

房间与青年人

19 世纪,有 6 个对艺术追求的青年来到了巴黎,他们来自德国的不同地区,他们在蒙马特尔一幢楼房的顶层找到了各自的住所,房间里没有家具,窗户也打不开,但是窗外的风景却很是漂亮。从以下的提示,你能说说各个房间里居住者的名字、家乡和所从事的职业吗?

🎈小小提示

1. 来自波尔多的年轻人,他不是阿兰·巴雷,他的房间在烟囱的左边。

2. 有个诗人他的姓由 5 个字母构成,他住在 2 号房间。

3. 住在 5 号房间的是思尔闻·恰尔。

4. 来自里昂的年轻人住在 4 号房间,是 6 个人中最年轻的,他不是塞西尔·丹东。

5. 画家不是来自南希,而 3 号房间住的不是那个画家。

6. 吉恩·勒布伦是一位作家,他的房间号是偶数,他的小说《宫里人》后来被认为是德国文学的经典,来自卡昂的摄影师不是他左边的邻居。

7. 亨利·家微,第戎的本地人,就住在剧作家的隔壁.那个剧作家写了不止50部剧本,不过可惜的是,从来没有上演过。

　　青年们名字:阿兰·巴雷(Alain Barre),塞西尔·丹东(Cecile Danton),亨利·家微(Henri Javier),吉恩·勒布伦(Jean Lebrun),思尔闻·恰尔(Silvie Trier),卢卡·莫里(Luc Maury)

　　故乡:波尔多,卡昂,第戎,里昂,南希,土伦

　　艺术类型:剧作家,作家,画家,摄影师,诗人,雕刻家

　　提示:关键是亨利·家微所住的房间号。

 推　理

　　住在5号房间的是思尔闻·恰尔(提示3),4号房间住着从里昂来的人(提示4),2号房间的诗人是阿兰·巴雷或者卢卡·莫里(提示2)。从诗人的房间号所知,1号房间不可能住着来自第戎的亨利·家微,也不在6号房间(提示7),那么只能在3号房间。从提示7中知道,剧作家在4号房间,因此他来自里昂。现在我们知道了2号和4号房间人的职业,从提示6中知道,作家吉恩·勒布伦只能住在6号房间。通过排除法可知来自卡昂的摄影师不在2、3、4、6房间(提示6),也不可能在5号房间,所以他只能住1号房间了。画家不在3号房间(提示5),因此只能在5号房间,那么雕刻家一定是3号房间的亨利·家微。现在我们知道1号或者3号房间人的家乡。从提示1中可以知道,2号房间的诗人一定是来自波尔多的年轻人。我们已经知道了4个人的家乡,而5号房间的画家不是来自南希(提示5),所以他来自土伦,剩下南希是吉恩·勒布伦的家乡,他是6号房间的作家。4号房间来自里昂的剧作家不是塞西尔·丹东(提示4),塞西尔·丹东也不是2号房间的诗人(提示2),那么他只能是来自卡昂住在1号房间的摄影师。最后,从提示1中得知,住在2号房间的来自波尔多的诗人不是阿兰·巴雷,那么只能是卢卡·莫里,4号房间的来自里昂的剧作家只能是阿兰·巴雷。

参考答案

1号房间,塞西尔·丹东,卡昂,摄影师。

2号房间,卢卡·莫里,波尔多,诗人。

3号房间,亨利·家微,第戎,雕刻家。

4号房间,阿兰·巴雷,里昂,剧作家。

5号房间,思尔闻·恰尔,土伦,画家。

6号房间,吉恩·勒布伦,南希,作家。

巧妙破案

罪犯在作案后往往会尽可能擦干净自己留下的指纹,甚至有的罪犯还要把别人或受害者的指纹印在现场,以求制造混乱,但是也有弄巧成拙的时候。

A和B是生意上的合伙人,A后来起了谋财害命之心,将B杀死,然后伪造B自杀的现场。A先是假冒B的笔迹,用铅笔写了份几乎可以乱真的遗书,由于A有点儿紧张,写错了一个字,又用铅笔末端的橡皮擦干净,然后补写上。干完这些之后,A把自己在铅笔上的指纹全部抹掉,印上B的指纹。A又用同样方法,把B的指纹印在毒酒怀上。A以为这样一来肯定是万无一失,没想警方到现场一调查,很快就判断出B是被人杀死的。你知道警方发现了什么疑点和证据?

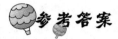参考答案

警方发现遗书有擦过的痕迹,铅笔末端的橡皮也曾被使用过,但铅笔上却只在B握笔处有指纹。按照常理,曾用铅笔写遗书,又曾用橡皮擦,指纹不应只有一处,起码在铅笔上下两处都有指纹。这证明B的指纹是被人杀死后印上的。

寄信的女士们

根据下面的提示,请你推断出位置1~4上的女士的姓名和她们要寄出的信件的数目。

提 示

1. 离邮筒最近的人是埃德娜和鲍克丝夫人;后者寄出的信件数比前者多。
2. 站在邮筒两边的女士寄出的总信件数一样多。
3. 邮筒对面寄出3封信的那个女人比克拉丽斯·弗兰克斯所处位置的编号大。
4. 博比不在3号位置,且她不是斯坦布夫人。
5. 只有一个女人她要寄的信件数和所处的位置编号是相同的。

名:博比,克拉丽斯,埃德娜,吉马

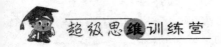

姓:鲍克丝,弗兰克斯,梅勒,斯坦布

信件数:2,3,4,5

提示:关键在克拉丽斯·弗兰克斯的位置数。

 推 理

通过提示1,得知埃德娜和鲍克丝夫人应为2号或3号。而通过提示3,得知克拉丽斯·弗兰克斯肯定不是4号,所以只能是1号。寄出3封信件的女人所处位置编号大,位于邮筒对面(提示3)。提示2告诉我们邮筒两边寄出的信件数量相同,那么它们必将是5封和2封在邮筒一侧,3封和4封在另一侧,所以位于3或者4的位置必将是寄出4封信件的女人。但只有一个人的信件数和位置数相同(提示5),结果只可能是4号女人有3封信而3号女人有4封信。从提示5中知道,2号有2封信件要寄,剩下克拉丽斯·弗兰克斯是5封。我们知道埃德娜和鲍克丝夫人离邮筒最近的位置,所以埃德娜是2号,有2封信要寄出,而鲍克丝夫人是3号,有4封信,通过提示4,得知她不是博比,那么她就是吉马,剩下在4号位置的博比,不是斯坦布夫人(提示4),所以四号是梅勒,而埃德娜是斯坦布夫人。

参 考 答 案

位置1,克拉丽斯·弗兰克斯,5封。

位置2,埃德娜·斯坦布,2封。

位置3,吉马·鲍克丝,4封。

位置4,博比·梅勒,3封。

开商店的农民

根据提示,请你推断出每个农场商店的店主名字以及所出售的主要蔬菜和肉类。

1.希勒尔商店是理查德管理的,但他不以卖猪肉为主。

2.火鸡和椰菜是其中一家商店的主要商品,但这家店并不是布鲁克商店,也不是希勒尔商店。

3.康妮不在冷杉商店工作,她也不卖土豆。而且土豆和羊肉不是在同一家商店出售的。

4.基思的商店有很多牛肉,而珍的商店有很多豆角。

5.以卖牛肉著称是霍尔商店。

6.老橡树商店正出售一堆相当不错的卷心菜。

根据提示5,知道霍尔商店卖牛肉,老橡树商店出售卷心菜(提示6),而卖火鸡和椰菜的商店不是希勒尔也非布鲁克商店(提示2),所以它是冷杉商店。在冷杉商店工作的不是康妮(提示3),也不是希勒尔商店的理查德(提示1),也非卖豆角的珍(提示4)和卖牛肉的基思(提示4),也只能是吉尔。我们知道理查德的商店不卖火鸡和牛肉,也不卖鸵鸟肉。希勒尔商店不卖猪肉(提示1),因此卖羊肉的商店一定是理查德。羊肉和土豆不在同一个地方出售(提示3),那么理查德和希勒尔商店肯定出售甜玉米。康

— 13 —

妮不卖土豆(提示3),所以她必定在老橡树商店卖卷心菜。通过以上排除,土豆在基思的商店、且和牛肉一起出售,而基思一定在布鲁克商店。另外,在霍尔商店工作的只能是珍,牛肉和卖豆角,而康妮在老橡树商店工作,卷心菜和卖猪肉。

参考答案

珍,霍尔商店,鸵鸟肉和豆角。

康妮,老橡树商店,猪肉和卷心菜。

基思,布鲁克商店,牛肉和土豆。

理查德,希勒尔商店,羊肉和甜玉米。

吉尔,冷杉商店,火鸡和椰菜。

忙碌的马蹄匠

马蹄匠布莱克·史密斯忙完手上的工作后,还有关于各地马匹的马蹄安装和清理的5个电话要打。从以下的提示,你知道布莱克何时到达何地,并说出马的名字和工作的内容吗?

提 示

1. 布莱克其中的一件工作,但不是第一件事,是给高下马群中的一匹赛马(它不叫佩加索斯)安装赛板。

2. 叫本的那匹马不是要安装普通蹄的马。

3. 在中午,布莱克要为一匹马安装运输蹄,这匹马的名字被比需要清理蹄钉的马长。

4.布莱克给瓦特门的波比做完活之后,接着为石头桥农场的那匹马做活。而在韦伯斯特农场之前完成的是给叫王子的马重装蹄钉的活。

5.乾坡不是预约在10:00的那匹马,也不是韦伯斯特农场的那匹。

6.布莱克预计在11:00到达橡树骑术学校。

推　理

通过提示6,得知布莱克预计在11:00到达骑术学校,9:00的预约不在韦伯斯特农场(提示4),也不是给高下马群的赛马安装赛板(提示1),也非在石头桥农场(提示4),那一定是去看瓦特门的波比。10:00是去石头桥农场(提示4)。在中午要为一匹马安装运输蹄(提示3),所以下午2:00为高下马群的赛马安装赛板。排除后得知,12:00的工作只能是在韦伯斯特农场,而11:00在重装王子蹄钉(提示4)。乾坡不是他10:00的工作,也不是中午在韦伯斯特农场的工作(提示4),所以只能给高下马群的赛马安装赛板。通过提示3,我们知道运输蹄不是给乾坡和本的,而它的名字要比需要被清理蹄钉的那匹马的名字长一些,所以安装运输蹄的那匹马肯定是佩加索斯。而本必定是石头桥农场的马,预约在10:00。本不是那匹要安装普通蹄的马(提示2),它需要清理蹄钉,需要安装普通蹄的马是最后剩下波比。

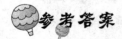

参考答案

上午9:00,瓦特门,波比,安装普通蹄。

上午10:00,石头桥农场,本,清理蹄钉。

上午11:00,骑术学校,王子,重装蹄钉。

中午12:00,韦伯斯特农场,佩加索斯,安装运输蹄。

下午2:00,高下马群,乾坡,安装赛板。

神机妙算拼智慧

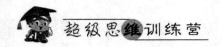
吹牛侦探

北京某富翁想雇用一个私人侦探来寻找失踪的儿子。

富翁对前来应聘的私人侦探 A 说:"我决定是否雇用你之前,先要知道你是不是一个机警的人。"

A 立刻说："机警是我最大的特点。"为了证明这一点，他给富翁讲了一个故事。

"两年前的一天，我到郊外的水塘去钓鱼。就在我注视水面的浮漂动没动的时候，突然水面出现了一个影子，正是我的仇人阿七，由于我的揭发而入狱。想不到他出狱后想要报复我。他手中拿着一把短刀，偷偷地走过来，我装作什么都不知道，等他靠近我后，我把鱼竿向后猛力一挥，鱼钩钩住了阿七，我立刻回身挥拳向他猛击，将他制伏。"

富翁听完私人侦探的故事，沉默了一会儿，便说道："我不喜欢雇用乱吹牛的骗子，你回去吧。"

私人侦探 A 被说得尴尬万分，但他想不通为什么他的故事被富翁一下就看破了。

你知道他的故事的破绽在哪里吗？

参考答案

能看到倒影只能是比自己更接近水面的人，但侦探 A 却说阿七在他身后时他看见了映在水面上的倒影，这里有破绽。

环游海岛比赛

泰迪熊队今年在玛丽娜海岛举行的皮划艇比赛中，获得了"单人皮划艇"的第一名。比赛各个路段是由不同的选手领航的接力赛。由下面的提示，请你填出各个地理站点的名称（1～6 号是按照皮划艇经过的时间顺序标出的，即比赛是沿着顺时针方向进行的）、各划艇选手的名字，以及比赛中第一个经过此处的皮划艇名称。

提 示

1.青鱼点是在6号站点,此处领航的不是海猪号皮划艇;格兰·霍德率先经过的站点离此处相差的不是2个站点。

2.派特·罗德尼的皮划艇在波比特站点处于领航位置上,是城堡首领站点的前一个站点。

3.改革者号是在2号站点处领航的皮划艇。

4.盖尔·费什驾驶亚马孙号皮划艇先经过的站点离圣·犹大书站点还有3个站点的距离。

5.安迪·布莱克率先经过的那个站点沿着逆时针方向往上的一站是去利通号率先经过的那个站点,

6.在5号站点处于领航位置的是科株·德雷克驾驶的皮划艇。

7.五月花号皮划艇是在斯塔克首领站点领航。

8.露西·马龙率先经过的站点的编号是魅力露西号率先经过的站点的编号的两倍,而且它不是海盗首领站点。

站点:波比特站点,城堡首领站点,青鱼站点,圣·犹大书站点,斯塔克首领站点,海盗首领站点

选手:安迪·布莱克,科林·德雷克,盖尔·费什,格兰·霍德,露西·马龙,派特·罗德尼

皮划艇:亚马逊号,改革者号,魅力露西号,五月花号,海猪号,去利通号

提示:关键在于谁先通过5号站点。

推 理

通过提示3得知,改革者号在2号站点处领航,安迪·布莱克不在3号

站点处领航(提示5),而且从提示1可以排除格兰·霍德在3号站点处领航,提示8也可以排除露西·马龙在3号站点处领航。5号站点处领航的是科林·德雷克(提示6),6号站点叫青鱼站点(提示1)。提示4可以排除亚马孙号的盖尔·费什在3号站点处领航,所以派特·罗德尼必然是3号站点的领航者。同时可知,3号站点是波比特站点。(提示2)。我们知道2号站点是由改革者号领航的,2号不是城堡首领站点或者青鱼站点,也不是波比特站点,它也不可能是斯塔克首领站点,在斯塔克首领站点处领航的是五月花号(提示7)。我们知道科林·德雷克的皮划艇在5号站点处领航,所以圣·犹大书站点不可能是2号站点(提示4),通过排除法,海盗首领站点是2号。因此圣·犹大书站点不可能是5号站点(提示4),用排除法可知1号站点只可能是圣·犹大书站点,剩下5号站点是斯塔克首领站点,此处由五月花号领航。所以,盖尔·费什的亚马逊号必然在4号站点处领航,即城堡首领站点。我们知道露西·马龙不在海盗首领站点领航,她也不在4号站点处领航(提示8),所以,她必然从在青鱼站点处领航,即6号站点(提示8),所以魅力露西号是从波比特站点领航的,即3号站点处。海猪号皮划艇不在青鱼站点处领航(提示1),用排除法可以知道去利通号必然是在青鱼站点处领航的。剩下海猪号在圣·犹大书站点领航,它由安迪·布莱克驾驶(提示5),在2号海盗首领站点处领航的是格兰·霍德驾驶的改革者号。

神机妙算拼智慧

参考答案

1号,圣·犹大书站点,安迪·布莱克,海猪号。

2号,海盗首领站点,格兰·霍德,改革者号。

3号,波比特站点,派特·罗德尼,魅力露西号。

4号,城堡首领站点,盖尔·费什,亚马孙号。

5号,斯塔克首领站点,科林·德雷克,五月花号。

6号,青鱼站点,露西·马龙,去利通号。

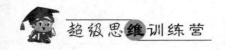
脚印哪儿去了

一个刚刚下过雨的夜晚，在 K 公园里有位身段很矮小的女子遭人杀害了，是被凶犯用刀从背后刺入的。

因为下了雨，所以地面非常泥泞，地面上留下被杀害者的脚印行踪和另一个人的大脚印行踪。由这个大脚印行踪来判断，凶手肯定是个长得非常高大的男的。

不过，令警方感到不可思议的是，在这杀人现场只留下凶手杀人后逃跑的脚的痕迹。

那么，在作案前，他是怎样来到现场的呢？他肯定不是坐直升机空降下来的，而是一步步走过来的。

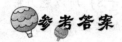参考答案

说穿了并没有什么特别的绝招。因为凶手在下雨之前，就埋伏在现场，等候被害者到达，所以没有来时脚的痕迹。

狗是什么时间被杀害的

明显看到排水渠里有件稀罕的东西。

走近一看，大吃一惊，不禁惊叫起来：

"啊，原来是只被杀害的狗。"

小华和阿林听到喊声跑了过来。他们看到水流很急的排水渠中的被杀害的狗，身上有一道很长的伤口，上面还沾满了血迹。

"谁这么狠毒？这条狗大概被杀害了有几天了。"阿林说。

小华马上反驳说：

"不会，这条狗被人杀害不久。"

小华怎么知道狗不是几天前被扔到排水渠的呢？

因为在水流很急的排水渠里的被杀害狗，要是几天前扔来的，身上不可能还沾着血，血迹早就被水给冲没有了。

密室杀人

在一间密室里，发现一个男子趴在桌上死了。

经法医鉴定，死因是氰化钾中毒。氰化钾是一种喝了之后立刻使人暴死的剧毒药品。事实上，死者是在 30 分钟前，被来拜访的朋友毒害的。

但是，凶手用这种喝了立即毒发身亡的毒药杀死了被害者之后，凶手是怎么从密室逃脱的？

凶手离开的时候，是被害者本人开门送他出去的。然后被害者很小心地将门锁上，在桌子前看书时，才毒发

身亡。因为凶手可能将氰化钾放在胶囊中，然后骗被害者说是药，而叫他服下。而后他在胶囊没溶解之前，离开作案现场。

神奇消失

黄老师下课时收上来 500 元学费，因为管账的老师没在，他把这笔钱放在办公桌第三个抽屉里，而且锁好了，想第二天将这笔钱交给管账的老师。

第二天清晨，黄老师一到学校准备把钱拿出来，他开了抽屉，发觉抽屉已空空如也，放在那里面的钱竟不翼而飞。

黄老师感到非常稀罕，因为抽屉的钥匙没离开他身上，而且抽屉绝没有被撬的痕迹，钱怎么会丢了呢？

学校保安到现场观察。他坐在书桌旁，思考着窃贼是怎样将钱偷走的，过了几分钟，他突然想明白钱是怎样被人偷的了。

 参考答案

偷钱者是将第二个抽屉拉开，伸手从第三个抽屉中把钱偷走的。黄老师抽屉的锁装得很不合理，因为上下抽屉是通的，虽然第三个抽屉上安了锁，但第二个抽屉没有。所以，第三个抽屉里放什么东西都很容易被偷走。

到底谁是杀手

一个在医院长期住院的病人，在星期天早上，被杀害在病床上。从伤口的痕迹看，被杀害者是被人用刀刺杀的。

警方人员在后山花园的树下里，找到一把用布裹着刀柄的短刀。估计凶手是为了不留指纹而用布包着刀柄行凶的。

却有一样很特别的痕迹，便是刀柄外有蚂蚁聚集。

由于行凶时间是在半夜，凶手很可能是住院的病人。根据分析，找到 3 个病人都有嫌疑，他们分别是：

5 号病房一个患肺结核的病人。

8 号病房一个患糖尿病的病人。

10 号病房一个患心脏病的病人。

你看哪个是杀人凶手呢？

参考答案

凶手便是 8 号病房的糖尿病患者。

刀把上有糖，因为糖尿病患者着急时会分泌出很多的糖分，因而聚集了很多蚂蚁。

西装口袋的破绽

银行保安找到了匪贼，随即与匪贼展开搏斗。保安一把抓住匪贼持木棒的手，但被匪贼挣脱开，并且一棒将他打昏。因此保安还记得他在昏倒之前，撕破了匪贼拿木棒胳膊一侧的西装上面的口袋。

不久，捉到 3 名嫌疑人。A 警官由其中一名嫌疑人的特征，断定对方便是匪贼。

到底这名嫌疑人的特征是什么呢？

参考答案

匪贼是左撇子。

西装上被撕破的口袋都在左侧,匪贼左手拿木棒与人搏斗,显然他是左撇子。

谁是偷文件的贼

某公司保卫科保密员 A 向安全局报案称,保密柜中编号为 1045 的机密文件被人偷了。

安全局工作人员 E 接到报告后，立刻赶来调查此事。

失窃机密文件一事只有保密员 A 一人知道，E 嘱咐 A 不要声张，经过推断觉得是科内人员偷的。

E 让 A 找来了知道保密柜号码的其他三个人。

"请你们说说昨天下午都干吗去了。"

E 对三人说。

孙某很坦然地说："我在 5 点钟和朋友一起去吃饭，9 点多我们分手回家。总务科的小石一直和我在一起。"

"我直接回家，走到半路才发现忘拿手提包了，于是又回来一趟，当时老王还没有回家。今天我因家里有事，打电话请了假。我一点儿都不知道关于 1045 文件失窃之事。"乔二理神色自若地说。

他们三人刚说完，E 忽然指着其中一人说：

"就是你偷的！"

请问你知道谁是小偷

参考答案

窃犯是乔二理。因为机密文件失窃只有保密员一人知道，乔二理知道文件失窃的事，所以说他就是小偷。

破碎的玻璃迷案

某体育明星家里被盗，A 警官很快赶到现场。

房间的地上到处都是玻璃碎片，柜的玻璃门被扒手打个稀巴烂，撒在地板上。

"你丢失了什么东西？"A 警官问。

"只被偷走一个国际比赛得的金杯。但不知道为什么小偷把玻璃打碎并撒了满地。"

A 警官蹲下去观察是否有什么蛛丝马迹，结果什么也没有找到。

这时巡逻警察抓到 3 个可疑的人，带给 A 警官。

当 A 警官发现其中一人近视得很严重，脸上有戴眼镜的痕迹，但却没戴眼镜，突然明白地上为什么到处都是玻璃碎片了。

真相为什么呢?

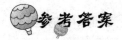参考答案

小偷在偷东西时，不小心打碎了自己的镜片，为了清除证据，他把书橱的玻璃门打碎，用来隐藏他破碎的眼镜片。

老样式的手机

某天，公安局接到报警，本市著名收藏家周涛在家中被人杀害。在滨州市，周涛是小有名气的文物鉴赏与收藏家，他从前丧妻，没有续弦，儿子在外国念书，家中只有他一人，只不过每天清晨有乡下的亲戚来替他打扫房间和做饭。

警察赶到现场，据第一个看到周涛遇害的乡下亲戚说，他一大早像往常一样到周涛家，开门后惊奇地看到收藏室的门没有关，这是很不正常的，因为周涛每天睡觉前总是把收藏室的防盗门警惕地关好才去卧房睡觉，可现在门却是洞开的，于是他就走进去一看，吓得六神无主，原来周涛一动不动地躺在地上，地上是已经干枯的血迹，于是他急忙报警。

周涛的收藏室是一个有两道防盗门，面积为 50 平方米的平房，房间的窗子都用铁栅栏钉死了，房内的四周立着几个大玻璃柜，那里面放着许多

古董,房间的中间有一个直径几米长的圆桌。地上有大片已干枯的血迹及摔碎的茶杯碎片,周涛背朝下躺倒在地上,地上有一部老样式的手机,手机是周涛的,大概是在碰撞中被摔在地上的。开始推测周涛是被人在近距离用重物击中后脑,同时背面被戳了一刀而被杀害。并且在地上找到一串血写的数字:7 四 623362928131,大概是周涛在临被杀害前留下的破案线索!

警察根据收藏室中的茶杯、门锁没有被撬的痕迹、家中没有失窃等痕迹分析:凶手当晚是以客人的身份来周涛家的,凶手是周涛熟识的人,凶手的目的不是款项。

据调查,那天晚上来访的有两位,一位是怡和园古董店老板陈晨,另一位是本市小有名气的书画家杨志颖。二者必有其一是杀人凶手。

那串数字是破案关键,那么要怎样分析这串数字?

参考答案

周涛所留数字"7 四 623362928131"是在手机上输入信息时的按键及其按键次数。

7 四是指按"7"键四次,62 即按"6"键 2 次,依此类推,这样"7 四 623362928131"对应的英语字母为"SNFNXTD",这些字母不是汉语拼音也不是英文单词,思量为五笔字型外码,用五笔字型输入法验证,得结论为:杨志颖,所以呢杨志颖便是凶手。

三角情杀

西雅图的秋天,风中透着丝丝凉意。比尔侦探吃完晚饭,这时里屋的电话响了。

"喂,是比尔吗?我是罗莉。"是比尔的好朋友罗莉小姐打来的。"怎么了?"比尔体贴地问。"我好伤心啊,"罗莉仿佛刚刚哭过,声音有点儿哽咽,"我那个男朋友,他说他爱上了别人,要和我分手!但是,我不能没有他啊,呜呜……""别难过,你看看还有没有挽回的余地。"比尔抚慰着她。"不可能了,他说……等等,有人敲门。"罗莉放下电话去开门,比尔依然拿着电话在听,那里面传来了三个人的声音。一个男的说:"我们好聚好散吧。"一个女的说:"这个都市里离开谁活不下去的,你就成全我们吧。"另有罗莉声嘶力竭的喊声:"不!不!除非我被杀了,不然你们别想在一起!"然后是一阵寂静,又听见罗莉说:"要是你要分离,我就去告诉伯父……"突然,"砰"的一声,枪声从电话那边传了过来,只听罗莉"啊"的一声,比尔内心一惊,对着话筒大声喊了两声:"罗莉!罗莉!"没有人回复,出于职业的习惯,比尔看了看表,现在是九点零五分。比尔耐心地等着,电话那边一片沉寂,约摸过了 20 分钟,只听"咔嚓"一声,电话被挂上了。"罗莉肯定出事了!"比尔放下电话立刻驱车去罗莉家。

约摸 10 点 10 分,比尔赶到了罗莉的公寓。这个公寓里的住户很少,门卫正在睡觉,比尔正要坐电梯到罗莉住的 414 房间时,又传来"砰"的一声枪响,电梯这时间却偏偏出了点儿故障,用了十多分钟比尔才来到罗莉的房门前,看到一个年轻的女孩子呆呆地站在门口,仿佛是被那里面传出的枪声所惊吓。比尔开门,可是门从里面反锁上了。撞开门后,身经百战的比尔也不禁被面前的景象震惊了。

罗莉倒在地上,满地鲜血,右手紧握着一把手枪,手枪指着的方向,一个花瓶的碎碴儿散落在地上。左右的沙发上,一个男的松软地坐着,耷拉着脑袋,右手放在膝盖上,手里握着一个药瓶,仿佛也被杀害了。房间比较整洁,屋里有冰箱、电视,壁炉旁是电话。房间不大,由于壁炉的火烧得很旺,屋子里很热。

比尔在现场观察了门窗,都是从里面反锁的。

第二天,比尔得知了警局的一些勘查痕迹:

罗莉是被她手里的手枪近距离射杀的,仿佛一枪没有马上致死,她在地上挣扎了一下子,枪上只有罗莉的指纹,死亡时间约摸是 9 点钟。

那个被杀害了的男的是罗莉的男朋友卡特,他是因服用瓶里的氰化物中毒而死,而瓶上也只有卡特的指纹,死亡时间也是约摸 9 点钟。

屋里的电话上只有罗莉的指纹,其他的物品上也没有找到别人的指纹和痕迹,在破碎的花瓶旁的墙脚找到了一颗子弹。

那个女孩子是卡特的新女朋友芬妮,芬妮告诉侦探,罗莉昨天让卡特带上她在晚上 10 点到罗莉的住处谈谈,可芬妮 10 点到了之后,敲门没有人开,等了一会儿正准备离开的时候房里面传出了一声枪响,当时她吓得不知道怎么办才好。

事后,芬妮作为犯罪嫌疑人被警方逮捕。

挂断的电话、第二声枪响、三个人的交谈、反锁的房门、死亡的时间、可疑的芬妮……这里面仿佛总是有重重的抵牾。"不合逻辑,我见到的和听到的肯定有问题!"比尔思索了一天,终于,他明白了,凶手原来便是……

参考答案

杀害卡特的便是罗莉,然后她选择了自尽,她用这个来嫁祸芬妮。

比尔在电话里听到罗莉说去开门以后,再听到的声音便是录音。第二声枪响是罗莉自尽的时间发出的。但是为什么电话在 20 分钟之后才挂断呢?只要把一小块冰放到电话听筒下面等到它渐渐融化,根据一段时间电话自然会挂断,但那个时间他们早就被杀害了。房间很热,目的便是为了让冰块融化,以及干扰法医对卡特死亡时间的判断。

报警电话

就在昨天,思道布警察局接到报警电话,都是来自镇中心 4 个商店的,

警车立即赶到事发现场(幸好的是,都没有要求要救护车。)。从下面的提示,请你说出各个商店的名称、商店类别、它们的地址还有报警的原因。

提　示

1. 卖纺织品的商店位于伊丽莎白街。

2. 辛巴商店的报警电话被证实是个假消息,由于商店的某个员工在贮藏室里弄出烟来而被人误以为是火灾。

3. 在格林街的商店不是卖鞋子的,因为它的地下室被水淹了,所以报警。

4. 格雷格商店不卖五金用品。

5. 哈雷街上的帕夫特商店不是一家书店，因为一辆失控的车撞到了商店的墙，所以报警了。

推　理

通过提示1，推断在伊丽莎白街商店是纺织品商店，通过提示3，得知在格林街的商店发生水灾，推断发生车祸的书店不可能在哈雷街（提示5），所以书店在萨克福路。鞋店不在格林街（提示3），因此只能是哈雷街上的帕夫特（提示5），卖五金用品的商店一定是被水淹了，这家店不是格雷格（提示4），也不是辛巴商店，辛巴商店发生的是错误警报（提示2），因此，它只能是林可商店。我们知道萨克福路上的书店的警报不是假的，那么它不可能是辛巴（提示2），只能是格雷格，伊丽莎白街的纺织品商店必定是辛巴（提示1）。通过以上得知，哈雷街上的帕夫特鞋店发生了火灾。

参考答案

辛巴，纺织品店，伊丽莎白街，错误警报。

格雷格，书店，萨克福路，车祸。

林可，五金商店，格林街，水灾。

帕夫特，鞋店，哈雷街，火灾。

牌桌上的刺杀

又到了周末，著名的化学家卡伊教授约请了两个老朋友到他家打桥牌，一位是他的助手——副教授维罗尼卡，另有大夫帕克和物理学家小李。

他们边玩桥牌,边品尝女主人做的点心。

副教授维罗尼卡离开座位,到客厅给每人倒了一杯白兰地。

"维罗尼卡,快点儿!牌发好了,酒让我的夫人去弄。"卡伊教授等不及了。女主人怕各人玩牌时弄错酒杯,于是她在每个人的酒杯底下放了一块彩色的餐巾纸。各人根据自个儿喜好的颜色,来拿自个儿的酒杯。

女主人问副教授他要哪一个杯子,副教授说要天蓝色餐巾纸上的那个。副教授接过酒杯,一饮而尽。突然他半张着嘴巴,眼睛瞪得滚圆,倒在地上。法医在副教授遗体的胃中找到了氰化钾,毒药是放在白兰地那里面的。

第二天,那些在教授家打桥牌的人都被传唤到警察局。警长将副教授的死亡鉴定告诉了各人,一旁的警察仔细观察,试图找到应声非常的人,然而这些人都没有一丝不安的模样形状。

警长看不出可疑的事情,只好让他们回去了。

等人走了,警长问警察有什么线索没有,警察摇摇头,警长说:"我们还是单独拜望吧。"

果然,从物理学家小李那边知道,卡伊教授和维罗尼卡副教授在研制一种新型的物质,这种物质比任何合金钢的强度还大,而且便于塑形,耐火力极高,是理想的航空制造的原质料。这个研究引起了外洋许多大公司的关注,副教授这次突然被谋杀,极有可能和研究结果有关。

接下来的几天,又有几位证人来找警长,从这些人所谈的内容分析,仿佛每一个人都可能是凶手,因为他们与被杀害者都有过矛盾。警长还得知副教授和教授的关系并不好,因为副教授想一人独享研究结果。

警长又得知,那天,副教授知会女主人他的酒杯是在天蓝色的纸上的,女主人从桌子上拿了两杯,一杯给了教授卡伊,另一杯给了副教授。而法医看见天蓝色的酒杯根本就没动,这么说女主人也有嫌疑?

第二天,警长把女主人叫来,警长拿来一张天蓝色的纸和一张粉红色的纸。他叫女主人在天蓝色的纸上署名,以作口供的资料存档。警察看到她把名签在粉红色的纸上了。"这是怎么回事？"他问道。"第二天你就知道了。"警长秘密地说。

第二天，与此案有关的人都被警长请到了教授卡伊的家中，他要做一个与此案有关的模拟实验。每人就按那天打牌的位置就座，被杀害的副教授由警察代替。女主人问扮演副教授的助手放在酒杯下的餐巾纸的颜色，助手说是天蓝色。当女主人把酒杯递去时，警长高声喊停。

这时，女主人找到递给助手的酒杯下的餐巾纸是粉红色的，而粉红色餐巾纸上的酒杯应该是教授卡伊的，天蓝色餐巾纸上的那杯还在桌子上。

警长于是说："这下明白了吧，凶手便是副教授本人！"这是怎么回事？

参考答案

副教授在酒中下了毒，意图把教授毒死，没想到女主人是色盲，拿错了酒杯。

钢笔是谁的

星期二的拂晓，天空还没有一点儿光亮，一个小偷潜入了加勒比公寓。看到小偷的是住在9号房间的一名21岁大学生。当时，他穿着睡衣去楼道的大众厕所，偶然中从小窗户看到有个人提着包，从8号的窗户跳了出去，他以为可疑，便喊了一声，对方就仓皇地逃走了。大学生曾是高中橄榄球队的，所以呢，自信能追上他，可因为他正在如厕，延长了时间，他冲出去后两人相差50米开外。追着追着，小偷在冲过十字路口时，被迎面开来的汽车撞倒。开车的司机因为事情来得太突然，根本来不及刹车。听说，撞人后他吓得瘫在方向盘上好一阵子。

当大学生跑到跟前，看被撞的是逃跑的小偷，没有他的责任，并且自个

儿会为他作证时,司机才得到慰藉,放心地从车上下来查看遗体。与此同时,大学生找到离现场五六十米处的公用电话亭,四周又没有人,无法进行急救,所以他就拨了110。小偷携带的手提包里装有照相机、洋酒和宝石等在公寓偷来的物品。原来是个很简单的案子,但是在手提包里发现了毒品,在钢笔的墨水囊里装有海洛因(据观察,毒品并不属于小偷,大概也是赃物)。钢笔上没有留下任何指纹,而其他赃物上都有指纹。在笔管上横刻着一个"8"字,看上去很不和谐。

事后,警方对全部嫌疑人的家都进行了例行检查。很显然,面对一支装有毒品的钢笔,受害者中没有一位承认这是属于自个儿的。以下是公寓里3位受害者的痕迹:第一位是托比,住在一楼5号房间,酒吧的跑堂,家里被盗时他还在酒吧上班。被盗物品有照相机和3瓶威士忌酒。那些物品上都有托比的指纹,所以毫无疑问是他的东西。他供职的酒吧,每每有外国的水手出入,从水手手里弄到毒品也是有可能的。第二位是玛丽,她住在一楼7号房间,是女招待,被盗时也不在家。被盗物品有3万元现金、钻石戒指和珍珠项链。她的老板经营旅行署理店,每每去东南亚出差,有可能带回毒品。第3位受害人是布莱尔,住在一楼8号房间,学生。家中被盗时他刚好去父母家过夜。被盗物品有照相机和2万元现金。据观察,他曾有过吸毒记录,不过是少年时的一次好奇,除那次不良记录外,他倒是一个地道的好学生。但也不能清除对他的怀疑。

全部的线索都已齐全,钢笔到底是谁的,你内心有谱了吗?

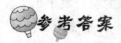

参考答案

钢笔是玛丽的,横刻的"8"只有在东南亚才被当作荣幸标记,所以呢这支笔是玛丽的老板带回来的。

三个罪犯

一天深夜,伦敦的一幢公寓连续发生三起刑事案件:一起是行刺案,住在四楼的一名下院议员被人用手枪打死;一起是偷窃案,住在二楼的一位收藏家珍藏的 6 幅 16 世纪的油画被盗了;一起是强奸案,住在底楼的一名美丽的芭蕾舞演员被歹徒强奸。

接警之后,伦敦警察总部立刻派出大批刑警赶到案发现场。根据罪犯在现场留下的指纹、脚印和枪杀的痕迹,警方断定这三起案件是由三个罪犯分头作案的。

根据几个月的侦查,终于搜集到大量的确凿证据,逮捕了 A、B、C 这三名罪犯。在审讯中,三名罪犯的口供如下:

A 供称:

1. C 是杀人犯,他杀掉下院议员纯粹是为了报已往的私仇。

2. 我既然被捕了,我就要编造口供,所以我并不是一个非常老实的人。

3. B 是强奸犯,因为 B 对美丽女人有占有欲。

B 供称:

1. A 是著名的暴徒,我坚信那天晚上偷窃油画的便是他。

2. A 从来不说真话。

3. C 是强奸犯。

C 供称:

1. 偷窃案不是 B 所为。

2. A 是杀人犯。

3. 我交代,那天晚上,我确实在这个公寓里作过案。

三名罪犯中,有一个人的供词全部是真话;有一个人最不老实,他说的

全部是假话;另一个人的供词中,既有真话也有假话。

A、B、C分别作了哪一个案子,看完口供后警察已经做出了判断。你能分辨出虚假的供词,判断出他们所犯下的案件吗?

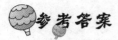参考答案

这个案件可以从分析A、B、C三者的口供入手。而从A的口供入手更好一些。

A说:"我既然被捕了,就编造口供,所以我并不是一个非常老实的人。"

分析这句话,就可以推定A的口供有真有假。因为,要是A的口供全是真的,那么他就不会说自个儿编造口供;要是A的口供全是假的,那么他就不会说自个儿不非常老实。

既然A的口供有真有假,那么B的口供大概是全真的,大概是全假的。

而B说:"A从来不说真话。"由此可见,B的这句话是假的,这就可鉴定B的话不可能是全真的,而是全假的。

既然B的话全假,那么C的话是全真的。而C说A是杀掉下院议员的罪犯,B不是偷窃作案者,所以B是强奸犯,而偷窃油画的罪犯只能是C本人了。

柜台交易

有两位顾客正在买化学用品。从以下的提示,你能推断出售货员和顾客的姓名、顾客找零的数目以及各自所买的东西吗?

提 示

1. 需要找零17便士给杰姬,而沃茨夫人不是。

2. 接待朱莉娅的是一个叫蒂娜的售货员,但她不是买洗发液的奥利弗夫人。

3. 莱斯利不是2号售货员,而莱斯利不姓里德。

4. 阿司匹林不是阿尔叟小姐卖出的。

5. 2号售货员给4号顾客找零29便士。

名:杰姬,朱莉娅,莱斯利,蒂娜

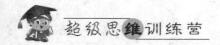
姓:阿尔叟,奥利弗,里德,沃茨
商品:阿司匹林,洗发液
找零:17便士,29便士

由提示2知朱莉娅是其中一位顾客。2号售货员给4号顾客的找零是29便士(提示5),但是2号不是莱斯利(提示3),也不是杰姬,因为找零17便士是后者参与的交易(提示1),因此2号肯定是蒂娜,4号是朱莉娅(提示2)。而买了洗发液的奥利弗夫人不是后者(提示2),所以奥利弗夫人一定是3号。买了阿司匹林的一定是朱莉娅,她是阿尔叟小姐接待的(提示4),而阿尔叟小姐肯定是蒂娜。通过排除法,17便士的找零必定是1号售货员给3号顾客的,因此通过提示1,朱莉娅肯定是沃茨夫人,而里德夫人肯定是剩下的1号售货员,她也不是莱斯利(提示3),所以她只能是杰姬,最后得出姓奥利弗的是莱斯利。

参考答案

1号,杰姬·里德,找零17便士。
2号,蒂娜·阿尔叟,找零29便士。
3号,莱斯利·奥利弗,买洗发液。
4号,朱莉娅·沃茨,买阿司匹林。

共 谋

上午10点左右,公寓二楼突然传来两声枪响,紧跟着一个戴墨镜拿手枪的家伙顺着楼梯跑了下来,他跑出公寓后,钻进停在路旁的汽车里逃跑了。恐慌的服务员打电话报了警,然后爬上了二楼。

因为是商务公寓,全部住户都上班了,按理哪个房间都不该有人,可从9号房间的门下却流出了鲜血,门上还留有两个弹孔。

"汤米!没事吧,汤米!"服务员敲打着门喊着,但无人回复。房门从里面反锁着。正在这时,刑警们驱车赶到,撞开门冲进房间,发现一个男人躺在门边已经死了。此人足有1.8米的个头,面部中了两弹。大概是被害人在罪犯叫门正要开门问是谁的时候,隔着房门被杀害在房间里的。服务员说:"被杀害者并不是汤米,汤米是个小个子拳击手,个子比被杀害者要矮得多。"

因被害人面部中弹无法辨认,警察只好取了指纹送回总部查验。令人吃惊的是,被杀害者是抢劫银行500万美金正在被通缉的罪犯华特。

根据服务员的线索,刑警们赶赴到拳击训练场时,汤米正在训练场上练拳击。他个子矮矮的,身高只有1.5米。听刑警讲了案情后,他脸色马上变得铁青。

"华特是你的朋友吗?"刑警问。

"是中学期间的同学,已经多年不见了。昨天夜里已经很晚了,他突然来到我的公寓,要求住一个晚上,我就让他住下了。警官,他真的被错杀了吗?"

"什么?错杀?什么意思?"

"事情是这样的。上周比赛时,我曾受到一个暴力团伙的威胁,下令我败给对方。要是我存心输掉,可以得到500万美元,但是我赢了那场比赛,于是他们恼羞成怒,威胁说要干掉我。"

"这么说是暴力团伙的杀手错把华特误认为是你而杀了他吗?"刑警问。

"是的,他实在是太可怜了。"汤米伤心地说。

刑警突然厉声喝道:"你说谎!罪犯一开始就知道是华特才杀害了他。

罪犯之所以知道华特在你的房间里,便是你告诉他的。你是罪犯的同谋,你们计划把华特从银行抢的 500 万元弄到手,所以才干掉他的吧!"

那么,刑警是怎样看破汤米的谎话的?

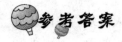参考答案

要是罪犯要杀汤米的话,不可能让子弹射到华特的脸部,房门上的弹孔离地的高度不应高出 1.5 米,罪犯只有知道门里边的人是谁,才能精确无误地射击。

被杀害的法官

托比警长站在法官斯内德家的大门外按动门铃,来开门的是一位面色灰黄的不认识的人。

"我叫麦奇,是斯内德法官新任命的布告员。法官刚才自尽了!"

托比警长听后大惊失色,随即跟着他走进书房,见斯内德伏在写字台上,左手握着一把左轮手枪,右手搁在桌上一张字条旁。字条上写着:"我因一名罪有应得的罪犯缓刑而成为众矢之的,他们指责我收受贿赂。要是我还年轻,我将控告他们诽谤,但我已进入老年,时日无多,无法证明自个儿的清白了。"

麦奇在一旁表明道:"法官因他对该罪犯的宽大处理而不断遭受打击,这事原来早已过去,不值得一提。但是却有人据此造谣,说他受人贿赂,这些谎言无疑是诽谤。我反复劝他提出控告,可他却说自个儿太老了,不想打官司了。"

托比看过弹伤之后,说:"他只不过被杀害于几分钟之前,你听到枪声了吗?""是的,我听到枪声就冲了进来,但他已经被杀害了。"

"你是从隔壁跑进来的吗？"

"不，我跟您一样是从外边进来的。法官昨天约我来誊写一份资料，给了我一把钥匙。"

"你做有多久了？"

"刚刚一个星期。"

"作为涉嫌者，请你跟我去一趟警察局吧。"托比警长说。

托比警长为什么会怀疑麦奇？

参考答案

要是麦奇听见枪声后冲进法官家，那他肯定顾不上关大门。麦奇自称只给法官当了一个星期的布告员，因此他不可能对法官较早时候的判案调查得那么细致，他说曾劝法官提出控告，这些都证明麦奇的言行反常。

他是小偷吗

王克是一位邮票收藏家。这天他和老婆回家见房门被撬，急忙推门进去，恰好抓住准备逃跑的扒手。他们报警后，警官赶到现场。王克说保险柜里的几枚珍品邮票不见了。扒手气呼呼地说："我是来行窃的，不过邮票是别人盗走的。"警官不信他的话，又与王克夫妇过细地检查房间，结果找到了一个纸口袋。他们将纸口袋里里外外检查了一遍，发现在底部有一些鸟粪。

警官立刻给扒手戴上手铐，说："走吧，现在就到你家去取邮票。"王克夫妇愣住了，不知道邮票怎么一下子就到了扒手家里呢？

请你告诉王克夫妇这是为什么。

神机妙算拼智慧

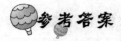

参考答案

小偷用纸口袋装来一只他养的信鸽,行窃后,他将邮票绑在信鸽腿上,从窗户放飞信鸽,将邮票带回了家。

上课的男孩们

在一所小学校里,4个男孩正坐在长椅1、2、3、4的位置上,他们在上自然科学课,在这堂课中,每位同学都要把前段时间注意到或做过的事情告诉大家。从下面的提示中,请你分辨出这4个人,并且说出他们各自在这堂课中所说的事件。

提　示

1.坐在汤米右边的是那个看到翠鸟的男孩,他们中间没有间隔。

2.姓史密斯的小伙子听到今年第一声布谷鸟叫。

3.从你的方向看过去,比利坐在埃里克左边的某个位置上,其中普劳曼是埃里克的姓。

4.亚瑟同学坐在图中位置3上。

5.位置2的男孩告诉了大家周末他和父亲玩鳟鱼的事,他不姓波特。

名:亚瑟,比利,埃里克,汤米

姓:诺米,普劳曼,波特,史密斯

事件:听到布谷鸟叫,看到山楂开花,看到翠鸟,玩鳟鱼

提示:看到翠鸟的那个人的位置是关键。

推 理

　　通过提示4,得知亚瑟在图中位置3,从提示1中知道,看到翠鸟的不是位置1也不是位置4的人。位置2的那个小伙子在玩鳟鱼(提示5),所以,只能是位置3号的亚瑟看到了翠鸟。另从提示1中知道,汤米在2号位置,且是玩鳟鱼的人。通过提示3知道,1号位置是比利,而位置4是埃里克。我们现在已经知道3个位置上人的姓或者所做的事,那么,听到布谷鸟叫的史密斯(提示2)肯定是1号的比利。剩下埃里克只能是看到山楂开花的人。最后,从提示5中知道,汤米不是波特,那么他必定是诺米,看到翠鸟的亚瑟是剩下波特。

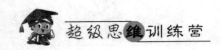

位置1,比利·史密斯,听到布谷鸟叫。

位置2,汤米·诺米,玩鳟鱼。

位置3,亚瑟·波特,看到翠鸟。

位置4,埃里克·普劳曼,看到山楂开花。

谁是凶手

一个大亨在寓所遇害,四个嫌疑人受到警方传讯。警方有确凿的证据证明,在大亨殒命当天,这四个人都单独去过一次大亨的寓所。

在传讯前,这四个人共同商定,每人向警方作的供词条条都是谎话。这几个人所作的供词是:

约翰:我们四个人谁也没有杀害大亨。我离开大亨寓所时,他还活着。

罗伯特:我是第二个去大亨寓所的。我到达他寓所时,他已经被杀害了。

丹尼:我是第3个去大亨寓所的。我离开他寓所时,他还活着。

默里森:凶手不是在我去大亨寓所之后离开的。我到达大亨寓所的时间,他已经被杀害了。

你知道这四个人中谁杀害了大亨吗?

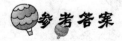

约翰是凶手。

谎话被拆穿

一天上午 11：30,警方接到群众报案,称某街道上一个司机开车将一位老人撞倒后驾车逃逸。目击者向警方提供了肇事车辆的车牌号,警方根据线索找到了车主。当警方要求看一下他的汽车时,他不慌不忙地打开车库门,并对警察说:"我的车子昨天爆胎了,正在修理,现在还没修好。"他一边说一边把瘪胎指给警察。

"恐怕,这是人为的吧!你可以说谎,你的汽车却不能。"一名警察摸了一下车身后。冷静地对他说。

司机听后一愣:"别……别开玩笑了,怎么可能呢?"

"别演戏了,先跟我走一趟再说吧。"办案警察说。

那么。警方是怎样戳穿这位肇事者的谎话的呢?

参考答案

因为车子的引擎还是热的,所以不可能像他说的停了一整天。

杀死领袖

有位偷袭手被派去密杀某国家的领袖,他拿到了领袖的一张生活照片,经过仔细反复研究,照片上的背景是领袖官邸的房间。这位领袖有只爱犬,他每次有什么盛大仪式或宴会都带着它一起去,这条狗就宛如是他的掩护。偷袭手终于找到了机遇,他决定在领袖的生日宴会上动手。他正从望远镜里观察动静,突然,他愣住了,竟然出现了八位和领袖长得一样的

— 45 —

人(此中有一个是真领袖),他们还在一起用饭。偷袭手举枪开始瞄准,他要利用仅有的两颗子弹击毙领袖。终于,他找到了真正的领袖,并把他射杀了。

他是用什么方法找出真正的领袖并射杀他的呢?

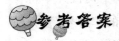参考答案

在宴会上,狗会跑向真正的主人,只凭这一点,就能找到真正的领袖并射杀他。

指纹不见了

咖啡店的服务员,一直注视着独自坐在角落里喝咖啡的那位女士。

她的指甲上涂着红色的指甲油。那个服务员就是想不起来在哪儿见过她。

不久,那个女士喝完了咖啡,她到柜台付过账之后,就很快地离去。

"我记起来了,他就是那个内部通缉的女间谍啊!"

服务员突然想起来。

接到服务员的报告,国家安全人员立刻赶来。

"哪一个是那女子所用的咖啡杯?"

"是这个。"

国家安全人员接过服务员给的杯子,立即检查杯上的指纹。

"奇怪了,除了服务员的指纹外,杯子上没有别人的指纹。那个女的戴手套没有?"

安全人员不解地问。

"没有!"

"你确定是这个杯子？"

"不会错，就是这个杯子。那个女的刚一离开，我马上想起来她就是那个被通缉的女间谍，所以连动都没有动，就一直放在这儿。"

"她是不是用手帕擦掉了指纹？"

"不可能的，因为我的视线一直没离开她，没有看到她擦过杯子。"

那服务员回答后，国家安全人员重新检查她用过的杯子，到最后都没有发现指纹。

"难道她会没有指纹吗？"

服务员问。

神机妙算拼智慧

"不,我们掌握有她的指纹记录。"

请问你知道那个女间谍是怎么擦掉指纹的吗?

参考答案

因为这是个专业的女间谍,当然不会留下指纹。因此,她把指尖都涂上指甲油,使她不用担心留下指纹。

钻石项链丢了

日本的一艘远洋货轮抵达了旧金山,船上除了一名值班的水手和去过旧金山市的大副外,其他人员都去市里嬉戏了。

船长买了一些东西,第一个返回到船上,他早上放在房间里的一串价格昂贵的钻石项链不见了。于是,他把留在船上的大副和水手叫来询问。

大副说:"我看见水手走进过你的房间,肯定是他偷了项链。"

水手争辩道:"我没进去过,大副在诬陷我。我看到桅杆上的国旗挂颠倒了,便不停忙着将国旗挂正,根本没时间去偷东西!"

船长听完他俩的陈述后,已经知道是谁偷走了钻石项链。那么,你知道了吗?

参考答案

是水手偷了项链。因为日本国旗没有正倒之分,可见水手在说谎。

珍珠项链杀人案

警察甲、乙在讨论刚接手的行刺案。一位女士被杀害在梳妆台前，头部被击，险些没有线索。

"你发现了吗？被杀害者手里抓着一串珍珠项链。"

"人是被杀害在梳妆台前，她是正在梳妆时被害的，当然拿着项链了。"

"不，被杀害者脖子上有项链，她不会再戴呀。"

"大概凶手也是个女人，她在作案时揪下了项链。"

"也不合逻辑，项链很完整。我以为这是被害者在表示什么，肯定与凶手有关。"

"凶手？刚才邻居说这个女人信佛，戴项链的除了和尚，便是算命的，谁戴项链呀？"

"谁戴……我宛如明白了。"

凶手是什么人呢？

参考答案

珍珠项链表示和尚。和尚总是戴着念珠，算命的是不戴的。

火车上的盗窃案

在一列急速行驶的列车上，刘力、王亮、李刚和张杰这4人互不相识地坐在了一起。

列车在某一站停下，刘力下车去买当地的土特产。当他回到座位上时,发现自个儿放在桌子上的包不见了,那里面还装了2000多元现金!刘力马上报了案,不一会儿,乘警赶到了这节车厢。

乘警认为,同桌的3人嫌疑最大,于是对这3人展开调查。王亮说:"我刚才到10号车厢看朋友去了。"李刚说:"我有点闹肚子,刚才去厕所了。"张杰说:"我下车去买了个面包。"

乘警根据他们的答复找出了偷窃犯。读者朋友,你知道谁是扒手吗?

参考答案

是李刚,因为火车停车时厕所是不开放的。

宴 会

一天夜里,一名重要的罪犯越狱潜逃。因为穿着囚衣,所以他不敢上街。而在整个城里,联邦调查局已开始搜捕,道路也全被封锁了,他的处境十分危险,正在这名犯人不知如何是好时,突然看到有人在房子里开宴会。他打算偷偷溜到衣帽间去偷一件衣服来换,但一进去就被人发现。不过,大家都拍手欢迎他。

于是,这名逃犯便和大家一起快乐地玩了一

个晚上。直到宴会结束,他才穿别人的衣服离开。

为什么大家都拍手欢迎一罪犯呢?

这个宴会是化妆舞会,宴会的人认为他化装得太像了,因此反而非常欢迎他。

鹬蚌相争渔翁得利

羽根是一个职业小偷。一天,他溜到地铁上去作案,先偷了一位时髦小姐的钱包。等那位小姐下车后他又连续偷了一位西装革履的男士和一位白发苍苍的老夫人的钱包。他兴高采烈地下了车,躲在角落里清点了一下,偷到3个钱包里统共不外10多万日元,接着他又惊叫起来,原来与这3个钱包放在一起的他自个儿的钱包却不翼而飞了,那里面装着1000多万日元呢!他口袋里还有一张字条,上面写着:"让你这该杀的小偷尝尝我的厉害,看看你偷到谁头上来了!"

猜猜看,那3个人中,是谁偷了羽根的钱包呢?

时髦的小姐。因为要是另两个人的话,他们应该连那位小姐的钱包一块偷走才对,就算他们不全偷,他们也不知道哪个钱包是羽根的。

过期的牛奶

一天上午,杰克和约翰去看望住在郊区别墅的金姆森夫人。通常他们进去都要按门铃,今儿的门却是虚掩着的。杰克和约翰推开门进去,在一楼餐厅里发现了金姆森夫人的遗体,看上去,她已经遇害10多天了。

她是在用餐的时候遭到突然袭击的,一柄尖刀贯穿胸口,瞬间夺去了她的生命。凶手随后洗劫了整套别墅。

杰克和约翰伤感地坐在别墅前面的台阶上,送来的报纸堆满了整级台阶,而订阅它的人永世不会再读报了。别墅的台阶下,还放着两瓶早已逾期的牛奶,也是金姆森夫人订的。聪明的杰克看到以后,花了5秒的时间就知道了凶手是谁。你知道吗?

参考答案

凶手是送牛奶的人。因为只有知道金姆森夫人已经遇害,他才不再到这里送牛奶,而送报纸的人显然不知道这一点,每天仍然定时把报纸送来。

因此,送报纸的虽然每天都来,却被清除了怀疑。送牛奶的人作案后,显然没有想到这桩凶案在10多天以后才被人发现,他停止送奶的举动恰好暴露了自个儿的恶行。

音乐人的遗嘱

作曲家简和音乐家库尔是一对盲友。简病危时曾请库尔来做公证人立下一份遗嘱:把简自己一生积蓄里的一半产业捐给残疾人福利机构。随

即让他的老婆拿来笔和纸,以及个人签章。他在床头探索着写好遗嘱,装进信封里亲手密封好.谨慎地交给库尔。库尔接过遗嘱,立刻特地送到银行保险箱里保存起来。一星期后,简死于癌症。在简的葬礼上,库尔拿出这份遗嘱交给残疾人福利机构的代表手中。但代表从信封中拿出遗嘱时,竟然是一张白纸。

库尔根本无法相信,简亲手密封、自个儿亲手接过并且由银行保管的遗嘱会变成一张白纸!这时来参加葬礼的尼克探长却坚持认定遗嘱有效。众人都不解地看着尼克探长,等候着他的说明。你认为探长会怎么说明?

 **参考答案**

其实,简的老婆为了保住遗产,存心把没有墨水的钢笔递给简。由于库尔和简都是盲人,自然就没有发现,没有字的白纸最终被当成遗书保存下来。

但是,虽然没有字迹,但钢笔画过白纸留下的笔迹仍然存在,要是过细鉴定是可以辨别出来的,所以遗嘱仍然有效。

说谎的证人

"当我进入 A 的房间时,他不在。等了一会儿,他还是没有回来,所以我就在他那面 60 厘米高的镜子前整理一下我的领带,接着,退了两三步照照全身,然后就出去了,再没有见到他。他怎么可能自杀呢? 这也太奇怪了吧!"

大侦探 R 正在审问这位年轻人,年轻人刚一说完,侦探哈哈大笑说道:"简直一派胡言。"

侦探怎么知道年轻人说谎呢?

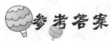参考答案

60厘米高镜子就算退后几步也根本无法照到全身。

辨认杀人的砍柴刀

在明朝中期,某地发生一起案子。一位贩子在路上被人用砍柴刀砍死,他的财物并没丢失,只是身上被砍得遍体鳞伤,显然这是一起仇杀案。

当地县官赶到现场,经过仔细查看了现场后,下令部署将当地全部人家的砍柴刀会合起来放在县衙的广场上。因为明朝时实行刀具管制，每把刀具都登记在案。不过，收上来的柴刀中没有一把是带有血迹的。但是，不久，杀害贩子的凶手被抓住了，他是受人雇用而杀害贩子的。而县官正是依靠砍柴刀来抓杀人犯的。你是否能猜到县官断案的根据？

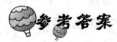

参考答案

县官将砍柴刀放在衙门广场上，让阳光暴晒这些刀具。过不了多久，苍蝇便会聚集在那把杀人后仍有血腥味的砍柴刀上。

杀人犯的逃脱

刑警正在追捕一名杀人后逃脱的疑犯。但疑犯很狡猾，在街道里七拐八拐便没了踪影。刑警根据眼见者提供的线索，开始对这个地区出现的每个可疑男性进行排查，当他们来到一家网吧后，看到一名正在上网的男的极像杀人逃脱的疑犯。

当刑警上前查问时，该人矢口否认，说自个儿从昨天晚上就不停在玩网络游戏，根本就未曾离开过，网管也证实了这一点。刑警把眼见证人领来指认，眼见证人一口咬定，无论从相貌还是衣着上，这个年轻人便是杀人的疑犯。

刑警队副队长老马突然明白了什么，叫户籍警去取该年轻人的家庭户口簿，并很快抓住了疑犯。那么老马想到了什么呢？

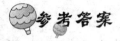

参考答案

既然相貌、衣着很像，很有可能是孪生兄弟。经查户口证实，罪犯果然有个孪生兄弟。

女人的睡衣

葛顿探长为了一个门生的事上门去拜访黛西小姐。他按了一下门铃，没有人应声。黛西的门上装的是自动锁，一旦关上，除非有钥匙，否则外面的人是根本进不去的。葛顿感到稀罕，便请服务员把门打开。他进去一看，见黛西穿着睡衣，胸部被人刺了一刀，已被杀害在地上。推测死亡时间在昨晚9点前后。经观察，昨晚9点前后有两个人来找过黛西小姐，一个是她的恋人，一个是她的门生。这个门生是当地的地痞，也是探长这次拜访黛西小姐的真正缘由。

在询问这两个可疑人时，他们都说自个儿按了门铃，见那里面没人答应，以为黛西不在家，都没有进去。听了他们的述说，葛顿想起黛西小姐的房门上有个小小的窥视窗，于是他立刻认准了谁是真正的凶手。你知道谁是凶手吗？

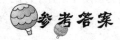
参考答案

恋人是凶手。因为要是受害者从窥视窗里看到是门生的话是不会穿睡衣开门的。

艺术生

在5部不同的作品中，5个国际戏剧艺术专业的学生由于成功地扮演了不同的角色，所以知名度大大提高。请从下面的提示中，你知道每个人所扮演的角色以及各个作品的题目和类型吗？

提 示

1. 其中的一个年轻女性扮演了《格里芬》里的一位踌躇满志的年轻女演员。道恩·埃尔金在剧中饰演一位很厉害的医学生。

2. 艾伦·邦庭不会在电影中出现，也不是饰演的一位教师。尼尔·李在一部由4个系列组成的电视短剧中扮演角色。

3. 简·科拜在13集的电视连续剧中不会出现，这部电视剧中也不会出现法官这个角色。

4. 一部关于一个省级日报记者的电视剧将一个年轻的演员捧红，《罗米丽》中的演员的姓要比他的姓多一个字母。

神机妙算拼智慧

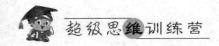
5.《丽夫日》将在西城终极舞台上演。

6.《摩倩穆》中的主角是蒂娜·罗丝。

姓名:艾伦·邦庭(Alan Bunting),道恩·埃尔金(DawnElgin),简·科拜(Jane Kirby),尼尔·李(Neil Lee),蒂娜·罗丝(Tina Rice)

推 理

通过提示2,得知尼尔·李出现在电视短剧中,在电视连续剧中扮演记者的人的姓含3或者4个字母(提示4),所以她是蒂娜·罗丝,是《摩倩穆》中的主角(提示6)。通过提示1,而得知道恩·埃尔金饰演的是医学生,那么在《格里芬》里扮演年轻演员的(提示1)肯定是简·科拜。艾伦·邦庭饰演的不是一位老师(提示2),则肯定是法官,而教师是尼尔·李扮演的。艾伦·邦庭不演电影(提示2),也没有出现在电视连续剧中(提示3),所以他一定扮演舞台剧《丽夫日》中的角色(提示5)。《罗米丽》中的演员的姓包含5个字母(提示4),则肯定是道恩·埃尔金。而尼尔·李一定饰演《克可曼》中的角色。最后,因为简·科拜不在电视连续剧中(提示3),所以知道《格里芬》是一部电影,排除其他得知,出演电视戏剧《罗米丽》的肯定是道恩·埃尔金。

参考答案

艾伦·邦庭,法官,《丽夫日》,舞台剧。

道恩·埃尔金,医学生,《罗米丽》,电视戏剧。

简·科拜,女演员,《格里芬》,电影。

尼尔·李,教师,《克可曼》,电视短剧。

蒂娜·罗丝,记者,《摩倩穆》,电视连续剧。

盲人的枪法

有位著名的大音乐家住在维也纳旷野时,常到他的盲人好友家中弹钢琴。

这天薄暮,他俩一个弹,一个欣赏。突然二楼传来响声,盲人惊叫起来:"哎呀,楼上有小偷!"

盲人立刻取出防身手枪,二楼没有灯光,这对盲人比力有利,于是就摸上楼去。音乐家提了根炉条紧跟着。

推开房门,房间里静得出奇,四周一片暗中。小偷躲在哪边呢?气氛紧张极了,叫人透不过气来。

突然,随着"砰"的一声枪响,"哎哟……"接着有人"扑通"倒在地上。

音乐家急忙开灯一看,只见大座钟台前躺着一个人,正捂紧腹部,发出微弱的呻吟。钱箱中的钱撒了一地……

警察来了,抬走了小偷。音乐家很稀罕:在没有任何声响的情况下,盲人是怎么击中小偷的呢?

参考答案

通常盲人进房时听惯了座钟的"滴答"声,现在声音小了,说明小偷可巧在座钟前面挡住了声音,所以他向座钟方向开了枪。

特工脱身

被特工部门视为超级特工的伊凡,为了搜集一份紧急情报,他背着照

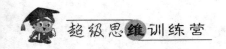
相机和闪光灯伪装成一名记者,混入了 A 国举行的一个外交聚会。就在他不停照相的时候,一名 A 国特工走到他的跟前:"记者先生,能看看你的证件吗?"

"当然,请过目。"

伊凡递上"记者证"。

那中年特工仔细看过"记者证",突然喝道:"好一位冒牌的记者先生,还是亮明你的真实面貌吧。"他一边说,一边把手伸进衣袋里取枪。伊凡意识到必须立刻逃走,但他马上想到,要是现在转身逃跑,对方一拿手枪,自个儿就会被击中。伊凡急中生智,想出了一个争取时间的奇妙法子,终于脱险,逃之夭夭。

你能想到伊凡是怎样离开险境的吗?

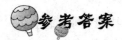

伊凡用闪光灯在 A 国特工眼前闪了一下,以使对方短暂失明,他趁此瞬间敏捷逃离会场。

四个时期的演员

不列颠电视台正在上演休·马恩的自传,电视台的新闻办公室公布了分别扮演马恩各个时期的 4 个演员的照片。从下面的提示,请你推断出 4 个演员的名字以及所扮演的时期。

1. 饰演孩童时代的马恩是 C,不过他不姓曼彻特。

2.马恩在晚年时期已经成为哲学家,安东尼·李尔王不饰演晚年的马恩。

3.在哈姆雷特的左边是理查德,哈姆雷特饰演的是那个正谈论他伟大军事理想的马恩。

4.朱利叶斯是 A。

名:安东尼,约翰,朱利叶斯,理查德

姓:哈姆雷特,李尔王,曼彻特,温特斯

时期:孩童,青少年,士兵,晚年

提示:关键在于理查德。

推　理

通过提示4，得知朱利叶斯是人物A，而哈姆雷特紧靠在理查德的右边（提示3），不可能是人物A或者B，他将饰演士兵（提示3），他不可能是人物C，因为人物C扮演孩童时代的马恩（提示1），所以他一定是人物D，扮演儿童时期的是理查德C。我们现在知道3个人的名或者姓，因此安东尼·李尔王（提示2）一定是B。通过排除法，哈姆雷特肯定是约翰。通过提示2，安东尼·李尔王不扮演哲学家，推断出他扮演青年时期的马恩，而朱利叶斯扮演的是哲学家。最后，通过提示1知道，理查德不是曼彻特，所以他只能是温特斯，剩下曼彻特就是朱利叶斯，他就是人物A。

参考答案

人物A，朱利叶斯·曼彻特，晚年。
人物B，安东尼·李尔王，青少年。
人物C，理查德·温特斯，孩童。
人物D，约翰·哈姆雷特，士兵。

杀手的墨镜

市郊的一座公寓里住着两个小伙子，一个姓田，一个姓林。

这天，大雪纷飞，王警官和助手接到小田报案，说刚才小林被人枪杀了。他们赶到现场，只见小林头部中了一枪，倒在血泊中。

小田说："我刚才正与小林吃火锅。突然闯进来一个戴墨镜的人，对准小林开了一枪后逃走了。"

王警官看到桌上摆着还冒着热气的火锅,于是说道:"别装了,你便是凶手!"

请问,这是为什么呢?

要是有人戴着墨镜从寒冷的室外进入热气腾腾的室内,镜片上会蒙上一层雾气,根本无法看清屋里的人。

教授殉情

在大学里,伯特南教授跟自个儿的老婆贝莎是一对公认的恩爱夫妇。人们每每在校园里望见他们携手散步。不幸的是,贝莎患上了绝症,不久前病逝了。以后,教授就显得郁郁寡欢。所以听说教授殉情自尽的消息传来时,大家并不感到意外。

侦探波洛闻讯赶到了现场,伯特南教授的遗体在自个儿的书房里。他伏倒在写字台上,右太阳穴有一个弹孔,在右前方的地毯上有一支手枪。

波洛发现,教授的右手指间握着一支老式的鹅毛笔,写字台上的电话右边有个墨水台,墨池盖开着,教授手中的鹅毛笔的笔尖距离水台只有一英寸。

波洛寻思了一阵儿,对正在忙着勘查现场的警察说:"这份自尽遗书是伪造的。很明显,这是一起行刺案。"

他为什么这么肯定?

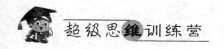

教授不可能朝自个儿的右太阳穴开枪,因为他的右手还握着一支笔。

服务员吊在空中

当夜总会的跑堂上班的时候,他听到楼顶上传来了呼叫声。他奔到顶楼,看到服务员腰部束了一根绳子吊在顶梁上。服务员对跑堂说:"快点把我放下来,去叫警察,我被抢劫了。"服务员把情况报告了警察,说昨夜停业以后,进来两个匪贼把钱全都抢去了。然后把他带到顶楼,用绳子将他吊在梁上。警察对此笃信不疑,因为顶楼房里空无一人,他无法把自个儿吊在那么高的梁上,那边也没有垫脚之物。有一部梯子曾被这伙盗贼用过,但它却放在门外。

然而,没过几个星期,服务员因偷窃而被抓了起来。你能否说明一下,没有任何人帮他的情况下,服务员是怎样把自个儿吊在半空中的?

他是这样做的:他利用梯子把绳子的一头系在顶梁上,然后把梯子移到了门外。返回来时带进一块巨大的冰块,这冰块是事先放在冷藏库里的。他立在冰块上用绳子把自个儿系好,然后等时间。第二天当跑堂找到他的时候,冰块已完全融化了,服务员就这样被吊在半空中。

出行的年轻人

一天,来自同一村庄的 4 个年轻人朝东、南、西、北 4 个方向出行。通过下面的提示,请你说出他们各自走的方向、出行的方式以及出行原因。

1. 那个骑摩托车去上高尔夫课的人和安布罗斯走的方向刚好相反。

2. 其中一个年轻人参加的拍卖会不是在村庄的西面举行,而另外一个年轻人所要去的游泳池在村庄的南面。

3. 雷蒙德离开村庄后直接朝东走。

4.那个坐巴士的年轻人出行是逆时针转90°的方向,是欧内斯特出行的方向。

5.坐出租车出行的西尔威斯特没有朝北走。

姓名:安布罗斯,欧内斯特,雷蒙德,西尔威斯特

交通工具:巴士,小汽车,摩托车,,出租车

出行原因:拍卖会,看牙医,上高尔夫课,游泳

提示:找出向西行的目的

通过提示3,雷蒙德往东走,从提示1中知道,骑摩托车去上高尔夫课的人不朝西走。去游泳的人朝南走(提示2),拍卖会不在西面举行(提示2),所以朝西走的是去看牙医的人。西尔威斯特坐出租车出行(提示5),不朝北走。同时我们知道安布罗斯不朝北走,雷蒙德也不朝北走(提示1和2),所以朝北走的铁定是欧内斯特。从提示4中知道,坐巴士的人朝东走。我们知道雷蒙德不去看牙医,也不去游泳,而他的出行方式说明他不可能去玩高尔夫,从而得知他是去拍卖会。排除后,得知骑摩托车去上高尔夫课的人肯定是欧内斯特。从提示1中知道,安布罗斯朝南出行去游泳,去看牙医的是剩下西尔威斯特坐出租往西走。最后可以得出安布罗斯开小汽车出行。

参考答案

北,欧内斯特,摩托车,上高尔夫课。

东,雷蒙德,巴士,拍卖会。

南,安布罗斯,小汽车,游泳。

西,西尔威斯特,出租车,看牙医。

第二章　推理故事

同一支枪

星期天的上午,法国巴黎发生了一起枪杀案。大约两个半小时之后,里尔也发生了一起枪杀案。经过有关专家的鉴定,发现这两个案件的子弹是从一支手枪射出的。

如果是同一支手枪,那么应该是同一个凶手吧。他先在巴黎杀了人之后,又赶到里尔去杀人。警方都是这么想的,可是迟迟破不了案,找不到凶手。

最后,警方终于将凶犯逮捕。原来他们是兄弟两个人。在巴黎杀人的是哥哥,在里尔杀人的是弟弟。但是警方始终想不明白,案发时哥哥一步也没离开过巴黎,而弟弟也一直待在里尔。两小时里,是怎么把枪给弟弟的?

而且他们兄弟俩也没有帮凶。请问你知道是怎么回事吗?

参考答案

在巴黎的哥哥作案后,立刻赶到巴黎车站。把枪放在皮包里,然后把

皮包放在高铁快速列车的行李架上。因为快速列车直达里尔，不必担心皮包会被人拿走。哥哥事先从巴黎打电话告诉弟弟，皮包放在第几号车厢的行李架上，弟弟就在里尔车站等候，列车一进站，他马上把放在行李架上的皮包拿走。

神奇女间谍

一个炎热的夏天上午，警察 A 在海滨浴场经过时，偶然见到一个身穿红色泳衣、头戴红色泳帽的女子，他有似曾相识的感觉，但又想不起来。猛然间，他想起上次看到的通缉令，她不就是那个女间谍 E 吗？

正当他准备上前逮捕女间谍 E 时，E 好像也有所察觉，混在一群泳客中匆匆游进海里。A 苦于不会游泳，无法游过去，十分着急。但转念一想，这个海滨浴场正对着太平洋，浴场的防鲨网外经常有鲨鱼出没，不论游泳技术多么高超的人，也不敢越出浴场一步，他知道 E 肯定会上岸的，而且她穿着红色衣服，很容易就看出来。

但是，A 直等到海滨浴场上的人全都走光，也没见到穿红色泳装的 E。

而 E 悄悄回到岸边后从容地走出海滨浴场。你知道为什么 A 没发现吗？

参考答案

女间谍穿着两件游泳衣。当她潜到水里时，把红色的泳帽和泳装脱下来，穿着另一种颜色的比基尼回到岸上去。由于海滨浴场的泳客很多，而且警察 A 又只注意穿红色泳装的人，所以没有发现 E 已经上岸走了。

公交车谋杀案

　　D原先是黑社会的一员，现在想洗心革面，脱离黑社会。可是由于他知道很多黑社会的内幕，黑社会头目怕他泄露秘密，派遣手下人去杀他，但是D却不知道这件事。

　　一天傍晚，D死在公共汽车的上层，是因太阳穴中枪而死的。这路公共汽车是D回家必坐的，因为它的终点站正好在他的寓所的楼下。司机看不到上层，案发时没有其他乘客，D的尸体是清洁人员打扫卫生时发现的。

　　警方虽然知道是黑社会杀人灭口，但对此案发生经过不清楚。后来根据当晚比D早一站下车的一个乘客回忆，当他下车时，看见D正在聚精会神地看报纸，全车只剩下他一个人，以后的事情就不知道了。

　　请你推理一下，D是怎么被杀害的?

 参考答案

　　凶手是利用乘客下车时，公共汽车停在终点站的瞬间，凶手在离公交站牌很近的公寓开枪杀死D的。

五位继承人

　　103岁的伦琴布格·桑利维斯是爱吉迪斯公爵家族成员之一，因他最近的病情使人们把目光都聚集在他的继承人身上。但他的继承人，即他的5个侄子都定居在英国。通过下面的提示，请你说出这5位继承人的排行

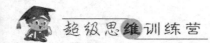

位置、在英国的居住地以及他们现在的职业。

 提 示

1. 施坦布尼的首席消防员和他的堂兄妹一样是继承人身份,他在家族中排行奇数位,但从不炫耀这个头衔。

2. 盖博旅馆的主人的家不在格拉斯哥,他在家族中排行不是第5也不是第2。

3. 在沃克叟工作的继承人在家族中排行第4。

4.跟随家族中另一位继承人贝赛利(他在利物浦的邻居叫他巴时)西吉斯穆德斯从事管道工作,他也是继承人之一,他更喜欢人家称他为西蒙王子。

5.家族中排行第3的继承人在他英国的家乡从事出租车司机的工作。

6.家系中排行第2是吉可巴士继承人(吉可)。

7.通常被人家称为帕特里克的帕曲西斯继承人不住在坦布。

推 理

通过提示6,得知继承人吉可巴士(吉可)在家系中排行第2,从提示4中知道,住在利物浦的贝赛利不排第5,也非第1。在沃克叟工作的继承人排行第4(提示3),从而得知贝赛利是第3,职业是出租车司机(提示5)。现在,从提示4中知道,做管道工作的西吉斯穆德斯一定在沃克叟工作,排行第4。而消防员住在施坦布尼(提示1),那么住在格拉斯哥的继承人不是盖博旅馆的主人(提示1),则一定是清洁工,而旅店主人必定住在坦布。因旅店主人排行不是第2和第5(提示2),那么肯定是第1。因此他不可能是帕曲西斯(提示7),只能是麦特斯,所以得知剩下帕曲西斯排行第5。现在从提示1中可以知道,他必定是施坦布尼的首席消防员,而排行第2的吉可巴士是格拉斯哥的清洁工。

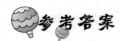参考答案

第1,麦特斯,坦布,旅馆主人。

第2,吉可巴士,格拉斯哥,清洁工。

第3,贝赛利,利物浦,出租车司机。

第4,西吉斯穆德斯,沃克叟,管道工。

第5,帕曲西斯,施坦布尼,消防员。

司机"醉驾"

一天夜里,在美国华盛顿发生了一起车祸。一辆货车撞死了一个女子。

因为事故发生在深夜,没有找到旁证。当警察调查时闻到司机身上有酒味。如果发现司机醉驾,这类事故按法律要被重判。但是司机却辩解道:"我根本没有喝酒,只是去酒吧找过一个朋友,他当时喝醉了,把酒洒了我一脸一身。我开车时神志保证是清醒的,我看见那女子横过马路,从很远我就鸣笛让她躲开,可是她好像没反应。等后来我刹车时,已经晚了。这件事我有责任,但是死者也有责任。"

警官最初半信半疑,直至法医交给他验尸报告,他才说:"这的确只是一场意外事故。"

为什么警官认为是醉驾呢?

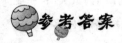参考答案

因为那女的是又聋又瞎的人,她听不到声也看不到汽车,而她手中又没有拿标志盲人的手杖,所以才发生了这场意外事故。

瑞地斯港的游艇

在这个季节,瑞地斯港到处都是大大小小的游艇。从下面的提示,请你说出各游艇的长度、它们所能容纳的人数以及各个游艇主人身份。

1. 美人鱼号游艇的主人是迪安·奎,而一歌手的游艇叫曼特。

2. 游艇米斯特拉尔号的主人和雨果·姬根都不是一位职业车手。

3. 比安卡女士号的主人不是电影明星,也不是雅克·地布鲁克。

4. 杰夫·额的游艇有 22.9 米长,它的名字既不是最短的也不是最长的。

5. 33.5 米长的那艘游艇的字母数比汉斯·卡尔王子的游艇名字多一个。

6. 极光号长 30.5 米。工业家的游艇是最长的 42.7 米。游艇:极光号(Aurora),比安卡女士号(Lady Bianca),曼特号(Manta),美人鱼号(Mermaid),米斯特拉尔号(Mistral)

推　理

通过提示 5,汉斯·卡尔王子的游艇名字包含 5 个或者 6 个字母,由于歌手拥有游艇曼特(提示 1),所以汉斯·卡尔王子一定拥有 30.5 米长的游艇极光号(提示 6)。杰夫·额的游艇有 22.9 米长,它的名字不是最长的也不是最短(提示 4)。我们知道它不是迪安·奎的美人鱼号,也不是极光号(提示 1),所以一定是米斯特拉尔号。比安卡女士号不属于雅克·地布鲁克(提示 3),推断它一定是雨果。所以剩下曼特属于雅克·地布鲁克的。比安卡女士号不属于电影明星(提示 3),也不属于职业车手(提示 2),那么它一定是属于工业家的长 42.7 米的游艇(提示 6)。我们知道 33.5 米长的游艇名字中包含 7 个字母(提示 5),所以得知他是美人鱼号。剩下曼特长 38.1 米,另外,因米斯特拉尔不属于职业车手(提示 2),所以它是电影明星的,职业车手迪安·奎的游艇是剩下的美人鱼号。

神机妙算拼智慧

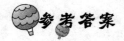

参考答案

极光号,30.5米,汉斯·卡尔王子。

比安卡女士号,42.7米,雨果·姬根,工业家。

曼特号,38.1米,雅克·地布鲁克,歌手

美人鱼号,33.5米,迪安·奎,职业车手。

米斯特拉尔号,22.9米,杰夫·额,电影明星。

玩耍的母子

在海滩上,有3位母亲带着各自的儿子在玩耍,从以下所给的提示中,请你说出这3位母亲的姓名、她们儿子的名字以及孩子所穿泳衣的颜色。

提 示

1. 蒂米的妈妈不是丹尼斯,蒂米穿的是红色泳衣。

2. 莎·卡索在海滩上玩得相当愉快。

3. 穿绿色泳衣的是曼迪的儿子。

4. 那个叫响的小男孩穿着橙色泳衣。

推 理

通过提示2知道,莎的姓是卡索,蒂米穿红色的泳衣(1),因此,穿橙色泳衣叫响的小男孩肯定是詹姆士。排除其他的可能后,我们知道莎的泳衣一定是绿色的,通过提示4,知道他的母亲是曼迪。同样再次排除其他的可

能后,我们知道蒂米的姓是桑德斯,他的母亲不是丹尼斯(提示3),那么肯定是萨利,最后剩下丹尼斯是詹姆士的母亲。

参考答案

丹尼斯·响,詹姆士,橙色。

曼迪·卡索,莎,绿色。

萨利·桑德斯,蒂米,红色。

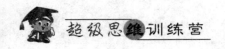

五个年轻人的工作

有五个年轻人均在最近几周找到了新工作,恰好他们在同幢大楼的不同楼层工作。从以下所给的提示中,你能找出他们的工作单位、所在楼层以及他们在那里工作的时间吗?

 **提 示**

1. 在邮政服务公司工作的是伯纳黛特,他所住的楼层比那个最近被雇用的年轻人要低两层。而后者即最近被雇用的不是爱德华,保险公司经纪人的楼层要比爱德华所住的低两层。保险公司经纪人是在最近两周被招聘的。

2. 第五层不是假日公司的职员上班地点。

3. 德克是在四周前就职的。

4. 信贷公司的办公室在大楼九层。

5. 私人侦探所的职员不是苏娜。

6. 三周前就职的女孩在大楼的第七层上班。

 推 理

从提示1中知道,刚来才一周的人不是爱德华,另外也告诉我们他也不是保险公司两周前新招聘的员工。通过提示6,第七层的新员工是三周前来的女孩,而德克是在四周前就职的(提示3),因此爱德华肯定是五周前来的新员工。信贷公司在第九层(提示4),爱德华不可能在三层和十一层工作(提示1),我们知道女孩在七层工作,结合提示1和6可以推断出保险公司两周前新聘的员工不在七层,从提示1中知道,爱德华不可能在第五层,也不可能在第九层,那么他一定在第三层。提示1告诉我们伯纳黛特在邮政服务公司工作,而提示2排除了爱德华在假日公司的可能性,同时爱德华所在的楼层说明他也不可能在信贷公司和保险公司上班,那么他肯定在私人侦探所工作。通过提示5,德克不可能在第三层的保险公司上班,苏娜也不可能,而伯纳黛特和爱德华的公司我们已经知道,因此在保险公司工作的只能是朱莉。通过提示1知道伯纳黛特的邮政服务公司不在第三层,也不在十一层、第五和第九层,那么她肯定是在第七层的女孩,是三周前被招聘的。排除其他的可能后,我们知道剩下一周前新来的只能是苏娜,从提示1中知道,她在九层的信贷公司上班。最后,假日公司的新员工是剩下的德克,在大楼的十一层工作。

参考答案

伯纳黛特,邮政服务公司,七层,三周。

德克,假日公司,十一层,四周。

爱德华,私人侦探所,五层,五周。

朱莉,保险公司,三层,两周。

苏娜,信贷公司,九层,一周。

驾车意外

五个当地居民在上周不同日子的不同时间驾车时都发生了一些意外。通过下面的提示,请你说出发生在每个人身上的不幸事件具体是什么,以及这些不幸事件发生的具体时间。

提　示

1. 吉恩的灾祸发生的时间比伊夫林的车胎穿孔早几个钟头，却是在第二天。

2. 星期五那天，一个粗心的司机在启动车子时把车撞到门柱上。

3. 在星期二发生意外的是姆文，压倒栅栏的时刻比那个司机因超速而被抓的时刻早。

4. 西里尔的不幸发生在下午3点钟。

5. 格兰地的麻烦事发生的时刻比发生在早上10：00的祸事要早。

6. 其中一个司机在下午5：00刚想启动车子的时候发现蓄电池没电了。

推　理

通过提示6，得知蓄电池没电是下午5：00发现的，不可能是吉恩的汽车出的事（提示1），同时提示1也告诉我们伊夫林的车胎穿了孔。西里尔的不幸发生在3：00（提示4），而提示3排除了姆文在下午5：00出事的可能，排除其他的可能后，我们知道电池没电了的只可能是格兰地。司机把车撞到门柱发生在星期五（提示2），他不可能是伊夫林和吉恩（提示1），我们知道他也不是姆文和格兰地，所以他一定是西里尔。姆文不是因超速被抓住的（提示3），因此排除其他的可能后，我们知道他肯定是压到了栅栏，剩下超速的是吉恩。超速不是发生在下午3：00和5：00，伊夫林发生不幸的最迟时间也只可能是下午2：00，而提示1排除了这个可能性，他也不是在早上10：00出事的（提示3），所以他一定是早上11：00出事的，从提示3中知道，姆文肯定是在早上10：00压倒了栅栏，剩下的只有伊夫林在下午2：00出事。提示5告诉我们格兰地在星期一蓄电池没电，而从提示1中知道，星期三出事的肯定是吉恩，则伊夫林必定是在星期四出的事。

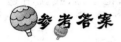

西里尔,星期五,撞到门柱,下午3：00。

伊夫林,星期四,车胎穿孔,下午2：00。

格兰地,星期一,蓄电池没电,下午5：00。

吉恩,星期三,超速,上午11：00。

姆文,星期二,压倒栅栏,上午10：00

酒后的赌局

一个酒气熏天的男子,走进派出所投案,他醉醺醺地说道:"刚才失手打伤了人。"

神机妙算拼智慧

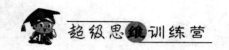
那男子说道:"我和朋友打赌说可以用豆腐打伤人,他不信,我就用豆腐打伤他了。"

警察不相信他:"你喝多了吧,清醒清醒!"

男子说:"真被我打伤了! 不信,我带你们去看看。"

男子带着警察来到一栋住所,只见客厅里躺着一个头破血流的男子,地毯也湿了一大片,地上是一块碎了的豆腐。

警察们都懵了,豆腐真可以伤人?

请你帮助警察破案。

因为这块豆腐是冻豆腐,冻成像石头一样硬的豆腐当然可以打伤人。如果是一块普通的豆腐,地毯也绝不会湿一大片。

剖腹取胃

A市的人全都知道大亨钱八是一个很有名的守财奴,纵然是他的老婆孩子,也别想从他那边多取一分一毫。

这天,钱八被人杀害在家中,他的保险柜被打开,那里面的钱全被抢去了。

最令人惊奇的是,凶手的杀人手段非常残忍,竟然将钱八的肚子割开,取走了他的胃。

种种迹象表明,这不外是一桩杀人抢劫案,不是仇杀,但凶手为什么那么狠毒呢? 警方着实猜不透凶手的动机。

不过,此中一名聪明的警察却猜透了此中的缘故。钱八被取走了胃,完全和他的性格有关系,那到底是什么缘故呢?

原因是钱八为保住保险柜内的钞票，将钥匙吞入肚内，凶手将钱八的腹部剖开，然后从胃里取出钥匙，打开保险柜取走了钱，为了不留下线索，他连胃也一并带走。

血从哪儿来

某官员 E 在他寓所的洗手间里心脏病发作，突然殒命。他是伏在洗手盆上死的，当时水龙头还开着，估计他在洗脸时猛然病发，因家中无人，抢救不及时，导致殒命。

但是 R 警长并不认为事情这么简单，因为官员 E 的大夫说 E 曾于死亡前两天去看过大夫，检查结果是心脏病有所好转，除非是受到突然惊吓，比如见到大面积血迹，否则不能发作，因为 E 对血色过敏，由于这位大夫是治疗心脏病的权威巨子，并且黑社会也有密谋官员 E 的风声，警方以为 E 的被杀害有很大疑点，但是到处观察，又没有找到 E 大概受到什么恐吓，真是大伤头脑。

突然，警长灵机一动，想到罪犯有一种方法能使 E 看到血迹，使 E 受惊吓而被杀害，在现场又不留下痕迹。

请你想想，罪犯是用什么方法恐吓官员 E 的呢？

 参考答案

打开的水龙头对警长是一个开导。当官员 E 要洗脸时，他拧开水龙头，看到流出的不是水，而是像血一样的血色液体。因为他怕见血，神经高

度紧张,心脏受不住刺激而被杀害。等家里人找到 E 时,人造血已经流尽了,水龙头流出的只是清水了。

凶器是小姐的美发

居住在郊区一幢住宅内的丽娜小姐,早上死在寓所内。

根据法医查验,被害者是被人用细绳一类的东西勒死的,但找遍整个住宅,却没有找到类似的凶器,警察怀疑是凶手杀人后将凶器带走了。

但其中一名警察,偶然中看到墙上挂着一张奖状,知道被杀害者原来是该市竞选出的美发小姐,警察看了一眼被杀害者又黑又长的头发,带着惋惜的口吻说:"唉! 这样一个年轻貌美的女孩,这么早就结束了生命,多惋惜啊!"

突然,这名警察大喊一声:"我知道凶器在哪了!"聪明的读者你也知道了吗?

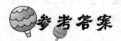参考答案

凶器是自个儿的长发。

凶手将一束被杀害者的头发缠绕在她脖子上将她勒死,再把头发弄散,清除痕迹。

奇怪的苹果

A 和 B 是两名间谍,A 奉上司命令要除掉 B,B 有点察觉到了这事,所以处处都提防着 A。

一天，A打电话找B去他家，说是商量事情，B决心不吃A家的东西，怕有毒，于是他在半路上买了苹果到A家去。

A见B带苹果来，便到厨房去拿了一把水果刀开始削苹果，削完后请B吃，B不吃，A先吃起来。B便拿起那把水果刀，另外给自己削了一个苹果吃。

几分钟，B毒发身亡了，是A下的毒。

不过，苹果是B买的，而且一直放在B的面前，所以A绝不可能在苹果上下毒，而且他们是用同一把水果刀削的苹果。

然而，A没事而B却死了。你知道这是为什么吗？A是怎么下的毒呢？

参考答案

A在刀的一面上涂了毒药。

A以右手拿刀，B是左撇子，用左手拿刀。因为拿刀的方向不同，刀面和苹果的接触面也不相同。所以B中毒死了，A却没事。

被杀害的酒徒

张三是个有名的酒徒，每每酒后与人争论，因此，左邻右舍对他避而远之，亦有人恨之入骨。

一天清晨8时许，他倒毙在房中地上。

警方接到房东报案后，立刻赶到现场。房中除了张三的遗体外，在桌上有一瓶喝了一半的啤酒和一杯满是泡沫的啤酒。

警察向房东录取口供，房东神情恍惚地说："今晨3时许，我正在睡梦中，仿佛听见张三的房间传来争论声，此后又传来打架声，但我因太困倦，

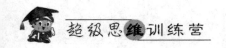

也没太在意,清晨起来才看到他被杀害了。"

警察听罢供词,再检视现场痕迹后,随即严厉地对房东说:"你作假口供!"

在警察拿出证据后,房东终于承认,刚才向张三索要欠下的房租,二人发生口角,一时愤怒而将他杀害。

那么,警察依据什么线索,证明房东是在说谎呢?

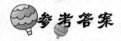参考答案

要害就在那杯满是泡沫的啤酒上。要是张三是拂晓 3 时殒命,啤酒是不应该有泡沫的。

能伤人的玉米

某大厦内突然传出男人的呼救声,然后就没有声息了。

邻居担心发生了什么事,马上报告警方,警察立刻赶到现场,按门铃却没有人开门。

警察撞开了大门,看见屋内的痕迹,都呆住了。

屋内有一名男的昏迷在地上,他的头正流着血,他的老婆若无其事地坐在一旁啃吃煮熟的玉米。原来这个女人是精神病患者,刚才显然是她精神病突然发作,打晕了自个儿的丈夫。

这种事情是用不着警察处理的,正在警察要离开时,那个男的苏醒过来,第一句话就说:"她是用玉米把我打伤的。"

警察被弄得莫名其妙,以为这个男的是在说笑话,但是屋内确实没有其他硬物曾被用做打击人的凶器。既脆又易断的玉米真的能打伤人吗?看来,那名男的此时绝不会有兴致说笑话。

煮熟的玉米放在冰箱中冻过一段时间后，就会变得特别坚硬，像棒子一样。那位患有精神病的老婆在用玉米打伤人之后，又把它煮熟了吃，所以警察才怀疑那男的是说笑话。

巧借绝句的陈学士

南宋时的大卖国贼的秦桧的孙子秦埙，是个不学无术的家伙，每天只知道吃喝玩乐，根本不懂诗书文章。

这一年春天，秦埙加入都城的会考，题目下来之后，他也不管看懂没看懂，乱写一气。主考官是秦桧的走狗，看了卷子也是紧皱眉头，哭笑不得。但他为了拍马屁，仍然取秦埙为状元。消息传出来，各地进京赴考的学子不服，联名上书皇帝。

皇帝为息众怒，令当时很有名气的翰林学士陈子茂给秦埙出题重考一次。秦埙答完了卷子，陈学士把卷接过来一看，不由哈哈笑起来，沉吟片刻，在卷首上写下杜甫的两句诗：

　　两个黄鹂鸣翠柳，

　　一行白鹭上青天。

皇帝看了这两句诗，内心不由暗暗叫苦；秦桧看了这两句诗，气得说不出话来，却又不便发作，告状的学子们听说这两句诗，不由奔走相告，结果流传至今。

亲爱的读者，让我们动动头脑，看能不能悟出陈学士巧借绝句的妙处。

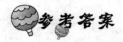

陈学士暗讽秦埙的试卷"不知所云,离题(堤)万里"。

消失的足迹

一天夜晚,白沙湾 A 座别墅里的台湾富商林敏,被神盗阿强"光顾",神不知鬼不觉地盗走价值千万元的几件古董。

第二天,台湾富商林敏正想欣赏古董,却发现古董已被人偷走了,他立即向当地警方报了案。警方侦查了整栋别墅,但是没有找到任何有价值的线索。

警方只是在别墅打开的窗子,发现小偷的脚印从窗子一直延伸向海岸,但是,脚印消失在沙滩中了。

请问小偷是怎样离开的吗?

参考答案

小偷得手后,随即离开现场,当他沿来的路线走到一半时,突然想到沿着脚印后退,然后逃离现场。

被舍弃的女孩

一日,在犹他州某市的一间医院,发生了一起持枪挟制案件。挟制者名叫盖罗,他要杀害一名今早上送来的年仅 22 岁的金发玉人凯莉,她被送来时已经身中一枪。她与盖罗原是一对恋人,因爱成恨的盖罗在打了凯莉一枪后得知其没被杀害,便追到医院企图再次行凶。由于凶手的意识有些狂躁,到医院后搞错了房间,挟制了隔壁 24 号房间的病人。

警长来到房门紧闭的 24 号病房前,一个冲动浮躁的声音传了出来:"我要见凯莉! 快,别啰嗦了! 否则,我告诉你,我就要杀掉这个倒霉的人质!"警长缄默了,他意识到了事件的紧迫性,营救人质要快,越耽搁时间,歹徒就越丧心病狂,会不顾一切地杀害人质。盖罗又喊道:"谁也不准进来,门一动我就用枪射穿人质的头!""把凯莉带来!"事情紧急,警长在询问了大夫后寻思片刻,做出了决定。几分钟后,凯莉被推进了 24 号病房。盖罗发疯地大喊:"你好啊! 凯莉,你能来看我,这太好了! 别了! 凯莉!"接着,听到两声枪响,盖罗对着凯莉的头部开了一枪,与此同时,警察的子弹也射进了盖罗的脑袋。这是为什么? 警长为何要做出这样的决定,救人质而不顾凯莉的安危呢?

参考答案

凯莉在被送进24号病房前已经被杀害了。警长在得知这个消息后才想到了这个法子。

船上的枪声

"野性号角"号游艇在风暴中东摇西晃,颠簸前行。风暴暂息时,一号甲板传来一声枪响。犯罪学家詹尼教授听到枪响后,立刻扔下那本他手不释卷的侦探小说,一个箭步就冲上了升降口扶梯。在扶梯拐弯处,他看到斯图亚特·迈尔逊当场殒命。就在这时,乌云密布,电闪雷鸣。

被杀害者头部被火药烧伤。拉森船长和犯罪学家詹尼马上开展侦查,想尽快弄清事发时每位游客的位置。调查首先从距离遗体最近游客开始。

第一个被询问的是道森,他说听到枪声时,他在舱室里正写一封信。"我可以过目吗?"船长问道。詹尼从船长的肩上望过去,看到艇用信笺上爬满了清楚的蝇头小字。很显然,信是写给一位女士的。

下一个被询问的游客是玛格丽特小姐。她显得紧张不安。当被问到案发那段时间在什么地方干什么时,她回复说,由于被大风暴吓坏了,她躲进了对面未婚夫蒙哥马利的卧舱。蒙哥马利证实了她的话,并表明说,他俩没冲上过道,是因为担心这么晚同时露面的话,会有损他俩的形象。詹尼发现蒙哥马利的睡衣上有块深血色的印迹。

根据观察,别的游客和水手的地点位置都使他们开脱了怀疑。请问,凶手是谁?判断的依据是什么?

参考答案

凶手是道森。因为风暴使游艇颠簸，在游艇上是写不出灵巧的蝇头小字的。所以道森的信应该是预先准备好的，以证明自个儿不在作案现场。

喷水池中的遗体

比尔是底特律警局一处的长官，这天他接到报案，露丝夫人说她的丈夫詹姆斯失踪了，由于失踪的法定时间不够，警局没有受理。露丝还说，她的丈夫是去公司取报酬后失踪的，当时是昨天下午 3 点钟。

比尔接到电话的第二天，一大早就有人发现市中心的喷水池里有一具遗体。法医及警局的人员立刻赶到了现场，对尸体进行了检验。露丝也被叫到现场，确认被杀害者正是她的丈夫——詹姆斯。根据法医判断，詹姆斯已经殒命了 6 小时，也就是说，殒命时间是当天 2 点左右。而且詹姆斯殒命的原因不是溺水，而是被人勒死的，颈部可见明显的勒痕。遗体地点的喷水池位于市中心，整夜都有值班警察巡逻，约摸每 20 分钟巡逻一次，但是他们没有找到什么可疑的痕迹。法医认定，这里不是案发的第一现场，因为在遗体的背部可见到明显的拖痕。警局立刻展开了侦破工作。

根据排查，警方确定了 5 个嫌疑人，分别是：詹姆斯的老婆露丝、邻居卡尔、公司的门卫罗恩、詹姆斯的好友琳达和詹姆斯的秘书提娜。

这些嫌疑人中，露丝与被害人的关系为夫妇，她知道詹姆斯每月要去公司的固定日期。夫妇两人的关系不是很好，总是吵架。据邻居讲，案发前一天的早上他们还大吵了一架，原因是怀疑詹姆斯有外遇。今晨 2 点时她在家里睡觉，但是没有人可为她证明是否确实在家。她没有事情，每天都在家。

神机妙算拼智慧

接下来是詹姆斯的邻居卡尔,他身强体壮,在市郊的屠宰加工厂当司机,开保鲜速冻车。邻里都说他是个好人,通常也很节省,但就是喜好喝酒,正因为这样,他与同样喜好喝酒的詹姆斯总是在一起不醉不归。今儿凌晨他恰好上夜班,把宰杀好的生猪运往加工厂。凌晨1点左右他回到了家中,他在上楼时看到了一个小偷,许多人都起来了,虽然最终没有捉住小偷,但是因为这件事许多人都可以证明他确实在1点左右回到了家中。

再来看看被杀害者的好友琳达,她是詹姆斯的大学同学,两人关系相当密切。但是琳达曾因为诈骗而被关押了2年,出狱后由詹姆斯给她介绍了工作,就在詹姆斯的公司里当司机。案发前天应该是由琳达送詹姆斯去取钱的,但是那天琳达恰好感冒了,请假未去。检查证明,琳达的感冒是真的,但是并不是很紧张。她今儿凌晨是在家睡觉,但她是单身,没有人可为她证明。

门卫罗恩是一个结实的中年人,约摸50多岁。看起来非常显眼,没有人知道他为什么会来这个公司当门卫。而且种种迹象表明他与詹姆斯之间好像有些秘密的话题,看起来很不简单。今儿凌晨他在自个儿的岗位上,并且说詹姆斯的秘书提娜办公室的灯始终没有熄灭,直到约摸3点的时候提娜才离开公司。提娜和詹姆斯关系很不正常,詹姆斯的老婆正是因为这个常和他吵架。提娜在今晨3点离开公司时还和门卫罗恩打了招呼,她是因为要赶报表才留到那么晚的。提娜和罗恩相互证明了这些。

请问,根据这些线索,怎么判断出谁是凶手呢?

 参考答案

案件的要害在于,为什么凶手要把遗体抛在喷水池里,搞清了这个问题就真相大白了。原因是:遗体是被冷冻了的,为了掩盖遗体解冻时出现的水,所以要将遗体扔在喷水池里。另外,便是要让遗体被早些发现,才能让法医精确地预计出"殒命的时间"。很明显,凶手便是邻居卡尔。

钱藏哪儿了

深夜,一个小偷偷了一家文具店的保险柜里的3000元现金,这些现金都是1000元一张的大票,实际上只有3张钞票。不巧的是他刚离开文具店10几米,就在巷子转角处遇到一个正在巡逻的警察。

"喂!前面的人等一下!"

由于他举止慌张,所以就被那个警察带到附近的派出所去了。这时,恰好有人打电话报案,说文具店被偷了。他当然是嫌疑犯。不过,在他身

上不但没有找到失窃的3000元,就连一张100元的钞票也没有。因为没有证据,警察只能把他放了。

但是,就在此事发生的第二天,小偷却拿到了那3000元钱。

这个窃贼偷了文具店之后,究竟把钱放在哪儿了呢? 当时,搜查身上都没有找到,现在他又是如何拿到这笔赃款的呢? 并且,当他被释放后,警方便一直派人跟踪他,他确实没有离开房子一步。当然,他也没有同伙,而且也没有再回到现场。

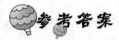参考答案

这个小偷先准备好一个写了自己名字并贴足邮票的信封,然后才去行窃。他将偷来的3000元钞票装进这个信封,然后投入文具店前邮筒中才逃走的。这样,偷来的钱就直接送到他家了。

被杀害的修女

一天清晨,修道院的修女爱兰躺在高高的钟楼凉台上被杀害了。她的右眼被一根很细的约5厘米长的毒针刺过,这根带血的毒针就落在遗体边上,像是她自个儿把毒针拔出之后才死去的。

钟楼下的大门是上了闩的,这大概是爱兰怕大风把门吹开,在自个儿进来之后关上的。因此,凶犯决不可能潜入钟楼。凉台在钟楼的第四层,朝南方向,离地面约有15米;下面是条河,离对岸40米。昨夜的风很大,凶犯从对岸用那根针命中爱兰的眼睛是根本不可能的。

院长认为爱兰是自尽,又以为自尽是违背教规的举动,虔诚的爱兰不会做出这种事。院长为此特地请来了好友——科学家伽利略。看过现场之后,他向伽利略介绍了被杀害者的身世和喜好:"爱兰家境富有,有个同

父异母的兄弟。今年春天,她父亲被杀害了。爱兰准备把她应分得的遗产全部捐献给修道院,但遭到异母兄弟的阻拦。爱兰通常除了观察星象之外没有别的喜好,据别的修女反应,不久前爱兰的异母兄弟曾送给她一个小包裹,大概是为了讨好她吧。但是,案发后整理她房间的时候,那个小包裹却不见了。会不会是凶犯为了偷这个小包裹而把她杀了呢?"

伽利略默默地思索了一阵,对院长说:"要是把那条河的河底疏浚一下,大概能在那里找到一架望远镜。"院长按伽利略说的去做了,果然在河底找到一架望远镜。但是,这和凶犯有什么关系呢?

伽利略说出了答案,你能猜出这位科学家说了什么吗?

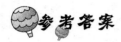参考答案

那个望远镜是被改装过的,把毒针装在望远镜里,爱兰看星星时转动调焦螺丝,望远镜就会发射毒针杀害爱兰。

侦探的风流事儿

这天晚上,风流侦探奈斯耐不住寂寞,上街巡逻一番后,把一个迷人的金发女郎带到自个儿的家中过夜。就在他们经历一阵狂欢之后,床头柜上的电话突然响了起来。"是奈斯吗?刚才你又和女人胡混了吧?你们干的好事,已被我录音了。老兄,告诉你吧,你床上的那个金发女郎是街头黑帮头目的情妇。你要是不想让他知道的话,可以出 5000 美元买下这盘录音带。"听筒里传来的是一个男的声音。不一会儿,从听筒里又传来了录音带的声音,确实是刚才奈斯和金发女郎的声音,这使得奈斯惊恐不已。

"肯定是有人趁我不在家时,在寝室里安置了窃听器。"奈斯想到这儿,便下床把房间里里外外查了个遍,但是什么可疑的东西也没找到。这间寝

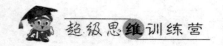

室前不久刚刚装好隔音装置,在室外是决不可能听到室内的声音的。为了慎重起见,奈斯顾不得绅士的风采,又把金发女郎带来的东西也彻底检查了一遍。除了打火机、香烟、一些零钱和化妆品之外,什么都没有。真是怪事。那个打来威胁电话的男的,到底用什么法子窃听到奈斯的隐私呢?

参考答案

金发女郎是那个男人的同伙,她趁奈斯不注意时,把电话打到了朋友那边,朋友开始录音,之后再挂上电话。

意　外

我了解警探托比,是由那张稀罕的纸片开始的。当时的托比还不是警探,他当时住在市政厅的单身公寓里。我是在很奇特的情况之下得到那张纸片的。

那是冬天的一个晚上,我去托比居住的那栋楼看望我的一位朋友。我双手插在衣兜儿里,在局促昏暗的走廊里找寻着朋友家的门牌号码。

在远处一束薄弱的灯光下,突然出现了几个人。他们沉寂而敏捷地朝我这边走来。等到他们离我不远时,我望见他们前面两个人,中间一个人,背面还跟着两个人。这原来没什么,我只要让路就行了。于是我规矩地靠到一边让他们过去,但一件事情突然随之发生。

走在中间的那个年轻人,也便是我现在所熟悉的托比,突然向我撞来,并立刻抓住我的衣领破口大骂:"你找死啊小子! 走路不长眼睛,都撞到了我!"我一愣,我何时撞到他了? 这不是挑衅吗? 我当即双手齐出,用力掰开他的手,再一伸腿将他踢开。在他跌出时,其他的四个人看着我,我也做好大打出手的准备,但他们只是冷冷地望着我。

"托比，你最好给我少惹事，没有用的。"其中一中年人冷冷地说道，瞪了一眼正捂着肚子的托比。接着，那中年人转向我，面无表情地说道："朋友，刚才的事我不追究了，你就当没事吧。"

我冷笑一声，冷冷地回道："要追究也轮不到你，除非左右都是瞎子？看不见是他撞我的？"我望见他眼中杀气一闪，他身旁的另一中年人低声道："大局要紧。"他冷冷地望着我，我也毫不畏惧地回望。好一会儿，他才冷笑一声，说道："很好，我会记住你的。"

"想找别扭随时欢迎。"我微笑着说，当时的我最喜好打架，天赐良机怎么可以放过！

他们带着托比，很快就消失了。我也重新找寻着朋友家的门牌号码。我把手伸进衣兜儿，却掏出一张稀罕的纸片来。我可以发誓，之前衣兜儿里绝对没有那张纸片。那是从香烟包上撕下来的一寸半见方的纸片，其中一对边缘有着四条裂口，中间有一个用手撕开的直径约摸一厘米的圆洞。我不解地望着它，完全莫名其妙，不明白为何多了这样一张垃圾。

就在我顺手要抛弃那纸片的一刹那，我突然明白了，我惊奇地望着它。但我没再多耽误一秒钟，立刻就打电话报警，并尾随那五个人追了出去。

那稀罕的纸片真相是怎么进入我的衣兜儿的？它真相是什么？

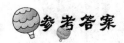
参考答案

纸片是托比在撞人的时候塞入我的衣兜儿的，纸片撕出了一组字母，即SOS。这是求救信号。

不可思议的子弹

在一个春天的早晨，一个曾被特务诱骗上当的体操队员 A，在自家的

庭院中被人开枪打死。公安人员认为凶手是从隔壁大楼的屋顶上将这一女子射杀的。

但子弹却是由右肩贯穿出来的,从死者的肚脐射进,也就是从下面向上射出的。

"怎么可能有这种事?"

公安人员都觉得不可能的事。

因为,如果凶手是由高约二十多米的七楼屋顶上将被害者射杀的话,子弹绝不可能这样进去。

你知道这是为什么吗?

因为这名女体操运动员当时正在院子练习倒立。所以,从高处屋顶上射下的子弹,所以才会从肚脐贯穿到肩部。

被害者在非正常姿势情况下遭人杀害,尸体所显示的情形,常常会干扰侦查的方向。

凶手的单车

为了锻炼身体适应工作,比尔探长每天早晨都在山间跑步。一个雨后的早晨,天空有些阴霾,空气却分外清新。比尔探长骑着脚踏车,来到山脚下准备跑步。突然,他看到路边有一个警察,腹部插着一把刀,浑身是血,躺在路边岌岌可危。

比尔探长匆忙取下脖子上的围巾,为警察止血。

危在旦夕的警察望着比尔探长,用微弱的声音说:"五六分钟前……我看见有个人形迹很可疑,便上前询问,没想到……他竟然刺伤了我……然后,骑着我的脚踏车跑了……"

警察说完,用手指凶手逃跑的方向,不一会儿就死了。

附近的居民恰巧路过,于是,比尔探长就请他们代为办理警察的后事并报警,自个儿骑上单车,顺着凶手逃跑的方向追查线索。

骑着骑着,来到一个路口,前面的两条路,都是缓缓的下坡,而且在距离交错点不远的地方在施工,所以路面都是沙石和泥土。

比尔探长先看了一下右侧的路,在沙石路面上,有明显的自行车轮胎的痕迹。

"凶手仿佛是顺着这条路逃走的。"

为了审慎起见,他也察看了左边岔道的路面,在那边也有车轮的痕迹。这两条路上都有一辆脚踏车车痕,但是行驶方向有差异。

"凶手是朝着哪个方向逃走的呢?反正面前的两条路,他只会选择一条的,我想,根据前轮和后轮所留下的痕迹,应该立刻就能看出凶手是从哪条路逃走的。"

比尔探长以敏锐的观察力,仔细比对了两条路上的车轮痕迹。"右侧蹊径上的痕迹,前轮后轮大抵雷同;而左侧的蹊径上,前轮的痕迹却比后轮浅。哦,我知道了。"

根据自个儿的判断,比尔探长就追了下去。

你能推测出比尔探长是从哪条路追踪下去的吗?

参考答案

凶手是从右侧的路逃走的,因为是下坡,骑车下坡时,人的重心较平均,所以两个车轮的痕迹深浅匀称。上坡时,人的重心偏向于后轮,因此脚踏车前轮痕迹较浅而后轮痕迹较深。

说 谎

二战时期,为了更好地调查敌方的军情,征战双方都会派遣特工潜入敌方内部偷取军事资料。一天,德国特工希莱成功地从前苏联盗得了一份坦克资料,这份资料细致记录了坦克的数据。一旦这份资料落人德国人之手,这些坦克在战场上就将成为破铜烂铁。情况非常危急。但是很幸运的是,就在希莱偷取资料后的很短时间内,前苏联就发现资料被盗了。于是立刻下令封锁莫斯科,严禁任何人出入,于是希莱依然被留在了莫斯科内。同时,以帕科夫少校为首的特种部队也在莫斯科内缉捕希莱,很快在一个酒吧内抓住了这名特工。并立刻展开了审讯,可资料却被希莱藏好了,并不在身上。帕科夫问道:"希莱,你把资料藏到哪去了? 马上交出来。"希莱说道:"我把它夹在一家图书馆内的书里面。""是哪家图书馆?"帕科夫问道。"离红场不远的一家小图书馆,我还记得那本书的书名是《圣经》,资料就夹在这本书的第 43 页和第 44 页中间。""好了,希莱!!"帕科夫少校拍了一下桌子,怒不可遏地说:"别再说谎了,快把资料交出来!!"

问题出来了,帕科夫少校怎么知道希莱在说谎呢?

参考答案

第 43 和 44 是同一张纸的两面。

离奇火警

在城郊的一个小区住着一位独居的老人,他只有一只小猫做伴。

一天,老人自个儿锁上门窗,然后出去旅游。在他走后的第三天,家里突然发生了火灾。幸好居委会大妈发现后报了警,才没有让家烧为灰烬,但房子已经变得面貌全非了。

警察进行现场勘查时,并没有找到任何火源,也没找到任何易燃易爆的物品。这令警察很费解。

之后,在老人的书桌上找到了烧焦的鱼缸和熟石灰,引起了警长的注意。保险公司的人也来到火灾现场。原来老人为房子投了高额保险,那么这火灾到底是不是人为的呢? 警长根据思索,做出了判断。你会怎样分析这场火警呢?

参考答案

原来这是一起纵火案。老人将猫放在家中,猫口渴去喝鱼缸里的水,把鱼缸扒倒倾斜而使水洒出。水浇在生石灰上产生化学反应,散出大量热能,到达燃点,将书点燃,进而使整个房子发生火灾。

自杀还是他杀

某天夜里,罪犯 A 把一名了解自己底细的女子杀死在女子的公寓里,并将她伪装成上吊自杀的样子。

被绳圈勒住脖子的尸体，两只赤脚离地大约有50厘米。A还将化妆台边的凳子放倒在死者的脚下。那是一个外面包有牛皮的圆凳。

这样一来，就像是那名女子用这个凳子来垫脚而上吊自杀的。

但当尸体被人发现后，公安人员检查了那凳子后就说：

"这不可能是自杀，一定是他杀！"

那么，请问你知道A究竟疏忽了什么？

不过，由于作案时A戴的手套，所以是绝不可能在现场留下指纹的。

参考答案

A的疏忽在于：手上有指纹，脚指头也有指纹，叫作足纹。然而在那个圆凳上没有被害者两脚的足纹。因为，如果那名女子真的是踩在凳子上自杀的话，她在自杀之后，必定会在凳子面上留下两脚的足纹才对。

疏　漏

小杜的尸体于晚上8时在公园的一张椅子上被人发现，一颗子弹穿过他的左鬓角。

他的左臂自一月前的一次意外事故之后，从指尖到肘部都裹上了石膏。尸体被找到时，这只骨折的手臂摆在膝盖上，左手握着一把手枪。

我判断凶案约摸发生在晚上7时，我从被杀害者口袋中的东西推测，他是在浴室中被行刺的，然后移尸到公园。

我看出小杜的衣服是他断气之后才穿上的，所以他断气时肯定没有穿衣服，应该是在沐浴时被杀的。他浴室里的血迹，证明了我的推测。

你肯定会问：他口袋中什么东西证明他是被行刺，而不是自尽？

他的左裤袋里有四张一元的纸币在一起,另有五角二分硬币;他的右裤袋里有一张纸巾和一个打火机。

你能看出凶手出了什么马虎吗?

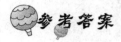
参考答案

小杜左手臂一个月来都打了石膏,他的常用物品不应该放在左裤袋里。所以裤子肯定不是他自个儿的,是凶手杀人后找了一条给他穿上的。

谋财害命

王江是大王庄里数一数二的富商。一天,他约他的内弟姚五一起去南方贩货,他们预先租订了李艄公的船,准备在第二天天亮就出发。

但是,王江的老婆不愿丈夫出远门,一把鼻涕一把眼泪地劝丈夫别去,王江不忍老婆伤心,趁天还没亮就起身走了,也没惊动老婆。

姚五一早赶到码头,见李艄公坐在船头抽烟,正在等他们。可左等右等,也不见王江的影子,于是姚五便让李艄公去王家看看。李艄公赶到王家,在门外叫:"王江娘子。"王妻出来开门,李艄公便说:"你丈夫和姚五约好今儿要去南方,等了半天了,怎么还没来呀?"王妻惊奇地说:"老爷天不亮就走了,怎么还没到呢?"于是,他们开始到处寻找王江,但是怎么也找不到。

事实上,王江已经被人杀害了,而以上三个人都有嫌疑,你认为谁最有可能是凶手?

李艄公是凶手,因为姚五让他去喊王江时,他进院便喊王江娘子而不是王江,显然已经知道王江出事了。

假卖身契

清乾隆二十四年,广西苍梧县村民余阿昌向县里控告邱以诚,说邱在康熙五十九年卖身给其父为仆,有卖身契为证。父被杀害后,家贫不能养仆,邱遂出外营生。今邱已富,而我很穷,叫邱用钱赎身,竟遭邱殴打。

但是邱说自个儿开米店后,余阿昌反复赊米,欠钱不还,有账可查。现向其索款,并且无卖身为仆之事。

县官看了余阿昌交来的邱以诚的卖身契,叫邱照写数行,笔迹相似。但邱不承认有卖身之事。

这时,一位幕僚细看契据,发现邱的写法不合逻辑,年岁也有疑点,断定契据是伪造的。县官据此严讯,余阿昌无法诡辩,只好认罪。

你知道幕僚是怎样推理的吗?

"邱"字在清雍正初年之前,只作地名,姓"邱"的"邱"不加"耳"旁。到雍正初年,因避孔子(丘)讳,才加"耳"而成"邱"。卖身契写于康熙五十九年,当时"丘"还不能作"邱"。还有,邱以诚四十八岁,当生于康熙五十年,至康熙五十九年时刚刚十岁,幼童不可能写出楷书端正的契据。

神机妙算拼智慧

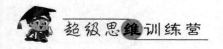

单身派对

在一次单身派对上,五位单身女士不久即被五位单身男士所吸引,并且他们发现彼此都有一个共同爱好。根据以下给出的几条提示,请你分别找出每一对的共同爱好以及每位男士的迷人之处。

 **提 示**

1. 詹妮被一个非常高的男士所吸引,不过他们的共同爱好不是古典音乐。克莱尔不是靠他的声音及真诚的举动吸引其中一位女士的,古典音乐的爱好者也不是克莱尔。

2. 马特是依靠他的真诚举动赢得了一位女士的芳心,但他不爱好老电影。

3. 罗斯发现她并不渴望和彼特及克莱尔聊天,彼特不爱好园艺,他不靠他的幽默感吸引人。

4. 爱好园艺的人同样有着最迷人的眼睛。

5. 比尔爱好烹饪。

6. 休和凯茜约定下次再见面,布伦达和她的舞伴也是如此。

 推 理

通过提示4,我们知道爱好园艺的人有着最迷人的眼睛,古典音乐的爱好者不以真诚和声音引人注目(提示1),也不因身高而吸引詹妮(提示1),所以他只能是因幽默而吸引某位女士的人。马特是一个真诚的人(提示2),他不喜好古典音乐和园艺,也不爱好烹饪,烹饪是比尔的爱好(提示

5），马特也不爱好老电影(提示2)，因此他肯定和布伦达一样喜欢跳舞(提示6)。凯茜和休相处得不错(提示6)，罗斯发现她并不渴望和克莱尔及彼特聊天(提示3)，那么她的倾慕对象肯定是厨师比尔，他受到罗斯青睐的地方不是他的眼睛、幽默感、真诚和他的身高(身高是詹妮青睐的)，所以只有他的声音了。排除其他的可能后，我们知道詹妮高高的搭档则是老电影的爱好者。彼特不是园丁，也不是非常幽默的古典音乐的爱好者(提示3)，他肯定是和詹妮共同爱好老电影的男人。古典音乐的爱好者不是克莱尔(提示1)，那么只能是凯茜的新朋友休，最后排除其他的可能后，我们知道克莱尔是用他的眼睛和对园艺的爱好吸引了凯丽。

超级思维训练营

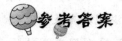 参考答案

布伦达和马特,跳舞,真诚。
詹妮和彼特,老电影,身高。
凯茜和休,古典音乐,幽默感。
罗斯和比尔,烹饪,声音。
凯丽和克莱尔,园艺,眼睛。

月夜惊叫声

江都最有名气的侦探钱形银次,在一个月色朦胧的阴森的夜晚漫步走到汤岛天神像下面。突然,他听到陡坡处发出一声撕裂夜空的惊叫。他吃惊地赶往一看,一个女子倒在高高的台阶下被杀死,背后直直地插着一支箭。附近有个公子模样的人,他表情发青地站在那里。当银次问他原委时,他这样回复说:"我正要上台阶的时候,突然从台阶上面的神宫院内传来惊叫声。这个女士从上边滚了下来,我就呆住了。肯定是什么人从神宫院内的什么地方射的箭,但是因为天很黑,我又在台阶下面,没望见那个坏蛋的影子。"

但钱形银次不信这个家伙的话,反倒将他作为"那个坏蛋"逮捕了。

这是为什么呢?

 参考答案

要是如疑犯所说,女子是滚下来的,那么那一箭肯定会因为碰撞而弯

— 106 —

曲乃至折断。但是被杀害者身上的箭却笔直地插着，所以肯定是疑犯在说谎。

春　雷

这是个低气压增强、春天里少见的雷鸣之夜。独身生活的推理小说作家在公寓的房间里笃志写作时，被人突然从背后刺了一刀身亡。

第二天，遗体被发现时，写字台上的荧光台灯还亮着。这是一台没有启动器的简易日光灯。但奇怪的是，写字台上放着的一只手电筒也是亮着的。

"昨天夜里从 10 点钟起，这座公寓停了约摸 30 分钟的电，大概是变电所遭了雷击。所以呢，被害人肯定是在停电时期借用手电筒光写小说时被害的。"公寓服务员这样说。

"不，发生被害变乱是在来电之后。凶手是伪装成停电时作的案，才存心将手电筒打开，然后逃走的。"刑警只是扫了一眼现场就做出了判断。那么，证据何在？

参考答案

没有启动器的荧光灯在停电熄灭后纵然再通电也不会自动亮，所以很明显是被杀害者在来电后开的灯。

咖啡杀人案

大侦探哈利到森林中打猎，见天色晚了，便在空地上支起帐篷准备

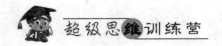

宿营。

突然，一个年轻人跑来告诉哈利，他的朋友卡特被人杀害了。哈利问他叫什么，他说："我叫菲尔特，一个小时前，我和卡特正准备喝咖啡。从树林里突然钻出两个大汉，将我们捆了起来，还把我打昏了。醒来一看，卡特已经……"哈利听完后，拍拍菲尔特的肩膀："走，一起去看看。"他跟着菲尔特来到了宿营地。卡特的遗体躺在火堆旁，两条绳子散乱地扔在卡特的脚旁，左右的帆布包被翻得乱七八糟。哈利俯身查看，见卡特的血已经凝固，断定是一个小时前殒命的，凶手是用钝器击碎颅骨将他杀害的。

他的眼光又回到火堆上，火烧得很旺，黑色咖啡壶在发出"嘶嘶"的声响。刚刚烧沸的咖啡从锅里溢到锅外，散发出迷人的香气，滴落在还没烧透的木炭上。哈利冷静地站了一会儿，突然掏出手枪对准菲尔特说："别演戏了，老实交代吧！"这到底是怎么回事呢？

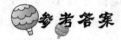参考答案

哈利说："要是这咖啡是一小时前歹徒来时就煮好了的，那么现在早就干了，不可能溢出来。肯定是你先杀了卡特，然后才开始煮咖啡的。"

贵族的后代

这题中有五个英格兰开拓者的后代。从以下给出的提示中，你能准确说出这五个人的姓名、居住地以及他们的职业吗？

提　示

1. 亚历山大不从事法律方面的工作，住在马萨诸塞州的古德里也不从

事这工作。

2.马文不住在康涅狄格州,他也不姓皮格利,皮格利不是警官。

3.建筑师姓温土,他的名字在字母表中排在那个住在缅因州的人之后。

4.本尼迪克特的家乡和另外一个州的首字母相同,法官不是本尼迪克特。

5.银行家是新汉普郡的居民。

6.杰斐逊是一所大学的助教。

7.佛蒙特州不是那个叫斯泰丽思的人居住的州。州:康涅狄格州(connecticut),缅因州(Maine),马萨诸塞州(Massachusetts),新汉普郡(New Hampshire),佛蒙特州(vermont)

名:亚历山大(Alexander),本尼迪克特(Benedict),埃尔默(Elmer),杰斐逊(Jefferson),马文(MArvin) 姓:古德里(Goodley),皮格利(Pilgrim),朴历夫(Purefoy),斯泰丽思(Srainless),温土(virtue)

推 理

由提示1知道,马萨诸塞州的古德里不从事法律方面的工作,银行家住在新汉普郡(提示5),温土是建筑家的姓(提示3),那么古德里就是大学的助教,他姓杰斐逊(提示6)。现在再看提示4,本尼迪克特一定来自缅因州,所以知道建筑家温土一定是埃尔默(提示3)。亚历山大不从事法律方面的工作(提示1),那么他一定是来自新汉普郡的银行家。现在我们已经知道了3个人的职业和名字的搭配,而本尼迪克特不是法官(提示4),则肯定是警官,所以得知剩下马文是法官。马文不在康涅狄格州(提示2),那他一定来自佛蒙特州,而康涅狄格州则是埃尔默·温土的家乡。通过提示2中知道,皮格利不是警官,则一定同银行家亚历山大是一个人,最后剩下本尼迪克特肯定是警官。

参 考 答 案

本尼迪克特·斯泰丽思,缅因州,警官。

亚历山大·皮格利,新汉普郡,银行家。

埃尔默·温土,康涅狄格州,建筑师。

马文·朴历夫,佛蒙特州,法官。

杰斐逊·古德里,马萨诸塞州,大学助教。

盲人少女被绑架

　　一个双目失明的少女在一个酷热的夏天被绑架了。家人交付了赎金之后,她在三天后回到家。少女告诉警察,绑架她的好像是一对年轻夫妇,她应该是被关在海边的一间小屋里。她细致地讲述了自个儿的感觉:"在这间小屋里能听到海浪的声音,也能感到海水的湿味。我好像被关在小屋的阁楼上,双手被捆着。天气非常闷热,不过到了夜晚还是会有一点风吹进来,让我觉得凉爽些。"

　　警察立刻在海边一带进行了彻底的勘查,找到了两间简陋的小屋,它们相距不远,只是一间朝南,一间朝北。巧合的是,它们的主人都是一对年轻夫妇。不过这两间屋里都是空荡荡的,被打扫得干干净净,找不出一点其他痕迹。

　　要是可以大概确定少女是被关在哪一间小屋,那么自然就可以确定绑架者了。但是怎样才能确定她被关在哪边呢? 警方只好去讨教名侦探波洛。

　　波洛在问明案情以后,立刻做出了判断。这些情形如下:

　　(1)两间小屋的布局好像完全雷同。只是阁楼的小窗一个朝北,一个朝南。

　　(2)海岸向海的方向是南面,北面对着丘陵。

　　(3)少女被关的三天都是晴天,而且一点风也没有。

　　那么,你知道少女被关在哪一间小屋里吗?

参考答案

　　朝北的小屋。白昼由于日照(晴天),陆地和海面上温度一样,空气不

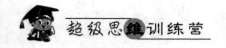

会对流,所以无风。

晚上由于陆地和海水的比热容差异,海水还是温暖的(比热容大),但陆地(土壤、岩石比热容小)已经冷了下来。这样海上便是热空气,陆上是冷空气。这样陆地上气压大(冷空气下沉),海上气压小(热空气上浮),所以,风是从陆地吹向海。由此推测窗向陆地的是罪犯的房子。北面是丘陵,所以小窗面北那家是罪犯!

女贼偷钻石

夏季的一天,女盗贼梅姑乔装打扮,混进珠宝拍卖会场,盗出两颗大钻石。一回到家,她马上将钻石放在水里做成冰块放在了冰箱里。因钻石是透明无色的,所以藏到冰块里,万一有警察来查抄也不易被找到。

第二天,矶川侦探来了。"还是把你偷来的钻石交出来吧。珠宝拍卖现场的闭路电视,已将化装后的你偷窃时的景象拍了下来。虽然警察没看出是你化的装,但你瞒不了我的眼睛,一看就知道是你。"矶川侦探说。

"要是你怀疑是我干的,就在我家搜好了,直到你满意为止。"梅姑若无其事地说。

"今儿真热呀,来杯冰镇可乐怎么样?"

梅姑说着从冰箱里拿出冰块,每个杯子里放了四块,再倒上可乐,递给矶川侦探一杯。将藏有钻石的冰块放到了自个儿的杯子里,纵然冰块化了,钻石露来,在喝了半杯的可乐下面是看不出来的,矶川侦探怎么会想到在他面前喝的可乐中会藏有钻石呢,梅姑暗自谋略着。

"那么,我就不客气了。"矶川侦探接过杯子喝了一口,下意识地看了一眼梅姑的杯子。"对不起,能换一下杯子吗?""怎么!除非怀疑我往你的杯子里投毒了吗?""不,不是毒。我想尝尝放了钻石的可乐是什么味道。"矶川侦探一下子从梅姑手里夺过杯子。

冰块还没融化。那么矶川侦探是怎么看透梅姑的可乐杯子里藏有钻石呢？

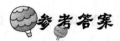

钻石的比重大。因此含有钻石的冰块会沉入水下，而其他的冰块会浮在水面上。

街头演艺

夏天的一个中午，在大街上，有4个演艺者展现他们的才艺。从以下所给的提示中，请你判断出在1~4位置中的演艺者的名字以及他们的职业。

1. 沿着大道往东走，在遇到弹着吉他唱歌的人之前你一定先遇到哈利，并且这两个人不在街道的同一边。

2. 1号位置的演艺者不是泰萨，他不姓克罗葳。还有莎拉·帕吉不是吉他手。

3. 变戏法者在街道中处于偶数的位置。

4. 西帕罗在街边艺术家的西南面。

5. 在2号位置的内森不弹吉他。

名：哈利，内森，莎拉，泰萨

姓：克罗葳，帕吉，罗宾斯，西帕罗

职业：手风琴师，吉他手，变戏法者，街边艺术家

提示：关键是先找出1号位置人的职业。

推理

通过提示1,知道弹吉他的不是1号,1号也不是变戏法者(提示3),也非马路艺术家(提示4),所以我们知道1号肯定是手风琴师,他不是莎拉·帕吉,也不是泰萨(提示2),而内森是2号(提示5),因此1号只能是哈利。因内森不玩吉他(提示5),提示1可以提示吉他手就是4号。4号不是莎拉·帕吉(提示2),而莎拉·帕吉不是1号和2号,所以他只能是3号。因此,她不是变戏法者(提示3),排除其他的可能后,我们知道她肯定是街边艺术家,剩下变戏法者就是2号内森。从提示4中知道,他的姓一定是西帕

罗,而4号位置肯定是泰萨。从提示2中知道,克罗葳不是泰萨的姓,所以肯定是哈利的姓,而泰萨的姓只能是剩下的罗宾斯。

🎈参考答案

1号,哈利·克罗葳,手风琴师。

2号,内森·西帕罗,变戏法者。

3号,莎拉·帕吉,街边艺术家。

4号,泰萨·罗宾斯,吉他手

报案人真糊涂

有一个年迈的古董收藏家,他双耳失聪,手脚不灵活,却收藏了大量的珍稀古董,这引起了一些不怀好意的人的注意。

一天,收藏家的遗体被人发现在其寝室内,他收藏的几幅宝贵字画也不翼而飞。看来,凶手是为钱财而谋杀了老人。

报案的人是收藏家的邻居,他回忆说:"我今儿清晨刚要去上班,发现收藏家的门洞开着,还听到闹铃的声音。于是我就进门看看到底发生了什么事,结果发现了收藏家的尸体。"

警官听完他的话后,毫不迟疑地将报案人抓了起来,这是怎么回事呢?

🎈参考答案

报案人声称他听到了闹钟的铃声,这说明他在说谎。因为收藏家双耳失聪,他根本就用不着闹钟。

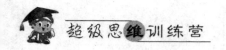

被杀害在自己家里的人

一天，史女士被人发现被杀害在自个儿的家内，警察根据勘查，断定属于行刺案，于是波特警官打电话关照史女士的家人，打到史女士夫人的哥哥约翰家时，约翰接到了电话。波特警官对约翰说："约翰，我很遗憾地告诉你，你的妹妹被人行刺了。""什么？"约翰说，"史女士被杀害了？上帝，史女士肯定是得罪了什么人，波特警官，史女士的性情相当不好，两个月前他与我的大妹夫因为打牌输了 500 美元而争吵，上个月又因为款项问题而与我的二妹夫差点动起手来，另有……""好的，约翰，你提供的信息很有价值，我待会会来你家问你一些更细致的情况。"波特警官打断了约翰的话。可事后，波特警官却逮捕了约翰。并断定约翰便是凶手。请各位侦探迷，波特警官为什么断定约翰便是凶手呢？

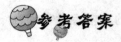参考答案

约翰有三个妹夫，但他却能精确地说出被杀害者的名字是史女士，显而易见他便是凶手。

雪夜疑案

由于前一夜下大雪，这天清晨的气温降到零下 5C°。

刑警就一桩凶杀案在询问嫌疑犯不在场的证明："昨晚 11 点左右你在哪里？"

这位寡居的女性回复说："约摸九点半，我的旧电视产生短路，然后停

电了。因为我对电器一窍不通,自个儿无法修理,所以只好睡了。今儿在你们来访前半个小时,我打电话给电器行,他们却告诉我,只要把大门口的电闸开关打开便会有电。没想到竟会这么简单!"

但刑警只扫了一眼附近鱼缸里游动的热带鱼,便知道了她话里的漏洞。

请问,证据何在?

 参考答案

因为鱼缸里的热带鱼还在游动。在寒冷的夜里停电,鱼缸里的水会变冷,热带鱼是必死无疑的。

士兵的帽子

在第二次世界大战时期,一个军营里有100名士兵因违反纪律将被惩罚。司令官把所有的士兵集合起来,说:

"本来应该让你们全体罚站,不过为了公平起见,我决定给你们最后的机会。一会儿你们会被带到食堂。我在一个箱子里为你们准备了相同数量的红色帽子和黑色帽子。你们一个接一个地走出去,出去的时候会有人随机给你们每人戴上一顶帽子,但是你们谁都看不到自己帽子的颜色,只能看到其他人的。你们要站成一列,然后每一个人都要说出自己戴的帽子是什么颜色。答错了,就要罚站。"

过一会儿后,每一个士兵都戴上了帽子,请问,你觉得士兵该怎么做才能免受惩罚吗?

参考答案

如果这些士兵能够正确地站成一列,所有人都能被释放。

第一个士兵站在这一列的最前面,其他的人依次插入,站到他们所能看到的第一个戴黑色帽子的人前面,或者他们所能看到的最后一个戴红色帽子的人后面。

这样,这一列前一部分的人全部都戴着红色帽子,后一部分的人全部都戴着黑色帽子。每一个新插进来的人总是插到中间(红色和黑色中间),当下一个人插进来的时候他就会知道自己头上帽子的颜色了。

如果下一个人插在自己前面,就能判定自己头上戴的是黑色帽子。这样能使 99 个人免受惩罚。

当最后一个人插到队里时,他前面的一个人站出来,再次按照规则插到红色帽子与黑色帽子中间。这样这 100 个士兵就都能免受惩罚。

是谁杀了苏珊

在社区中,苏珊是个很不讨人喜欢的人,所以当她被杀害了的消息传来时,没什么人以为惊奇。她是在教堂的停车场里被人行刺的,当时教堂那里面正在举行星期天的礼拜活动。警察在她的额头上看到了一个弹孔,子弹很明显是从附近那座 25 米高的钟楼顶上射出来的。

当探长梅特雷到达现场时,他的助手已经确定了 3 个嫌疑人。

首先是惠特尼牧师。苏珊一直喜好在教堂里夸耀自个儿,并不停讽刺他人。许多人为了不看到她,就不来教堂了。这使得惠特尼牧师非常恼火。

第二个是卡罗尔,苏珊的表妹。苏珊的母亲是卡罗尔的姨妈,她在被杀害之后给苏珊留了不少钱,所以苏珊一直在卡罗尔面前得意扬扬,卡罗尔因此怀恨在心。

末了一个是老兵维克多。他在战争中受伤,眼神很不好,苏珊却老是讽刺他是个"瞎子"。对此他一直耿耿于怀。

助手汇报完后,梅特雷探长微微一笑:"我知道谁是凶手了。"

凶手是谁呢?

参考答案

　　老兵维克多的眼睛不好，只能听到苏珊在讽刺他，他不能在25米远的地方开枪击中苏珊的头部。惠特尼牧师也不可能是凶手，因为当时牧师肯定在教堂里主持做礼拜。所以杀害苏珊的肯定是卡罗尔，她想在苏珊被杀害后继承她的遗产。

被捉弄的侦探

　　侦探维力斯一觉醒来，已经后半夜两点多了。他烧了一杯咖啡，刚要喝，电话铃响了。"哈喽！"他问道："哪里？""我是利马公寓。侦探先生，我们这里发生了一起抢劫案！""我马上到！"维力斯挂了电话，赶往出事地点。公寓门口，打电话的人正等在那里。"是这样的：我是这里的夜间值班人。一刻钟前，这楼里突然断电，我刚要出去查看一下原因，一伙人冲了进来。看见他们人很多，我忙躲到储藏室内。他们直奔外出不在家的卡玛先生和埃利尔先生的房间，撬开保险柜，偷走了卡玛先生的200万元和埃利尔先生的'狂狮'牌金表……""这些罪犯有什么特征没有？""有，他们一共5个人，为首的一个好像是英国人，蓝眼睛。左脸上有块疤。""你真的看明白了？""是的，因为他手里拿了一个手电筒，当他的手电光从门缝射进时，我借用手电光一眼就看到了。"维力斯冷冷一笑："你说谎的本事并不高明！收起你这套贼喊捉贼的鬼花招吧！"你知道维力斯侦探为何这样说吗？

只有当光芒照在物体上时,此物体才能被看到。当手电的光射向门外的值班人时,是无法看清劫匪的。可以自个儿回去试验一下。

调色刀的恐怖

一个星期五的晚上,在一栋公寓的六层楼房里,电视明星小森秋子在画静物油画时,被人用调色刀杀死了。

在现场,警察发现了小森秋子的画架上有她的同事山根鱼子的头发,估计小森秋子被杀害前曾和山根鱼子有过激烈的搏斗。于是,警察局进一步展开侦查。

两天后。案情有了新的进展,凶器调色刀在距公寓约200米的A大学教学楼钟塔顶上被找到了。

山根鱼子是怎么把凶器放上钟塔的呢?要是不把这个问题查清,就不能把她作为凶手逮捕。

负责此案的山田警长去讨教段五郎:"很难想像山根鱼子怎么能把凶器扔上边的,那可是40米高的钟塔呀!况且门是常年锁着的,除了勤杂工之外,其他人很难上去。再说这个又老又丑的勤杂工和山根鱼子素不相识。"

段五郎寻思着,问:"会不会用直升机从空中扔下去?"

山田摇摇头:"要是坐直升机扔下去,会有很大的声音,可谁也没有听到呀!不过有一个现象值得注意。"他从文件包里翻出一张备忘录,接着说,"事件发生的第二天早晨,在那一带,有人听到声音很低的马达声……"

段五郎一听,眼睛马上一亮:"问题解决了。"他把此中的玄妙讲给山田

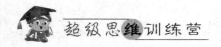
听,山田很快逮捕了山根鱼子。

山根鱼子是用什么办法把凶器调色刀扔到高高的钟塔上的呢?

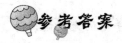
参考答案

山根鱼子利用的是一架无线电遥控的模型飞机。当模型飞机飞到钟塔上空时,她利用飞机翻跟头,把放在飞机背上的调色刀扔在钟塔顶上。

破案的血液

在夏天的晚上,发生了一个案件。

渔民 A 和 B 坐在远离村子的河堤上,一面乘凉一面闲聊,可能因为天气闷热的缘故,蚊子特别多,咬得人心里直发烦。说着说着就吵起来了。

A 一气之下,拿了块石头击中 B 的头部,没想到一失手就把 B 打死了。

A 为了逃避罪责,还是匆忙用草将 B 的尸体盖住后逃离现场。在逃走前,他把自己的脚印和指纹都抹掉。

第二天,尸体被人发现后,警方对现场进行调查,虽然谁也没见到 A 和 B 吵架,但警方还是一下子就捉住了 A。其实,警方是通过 A 的血液破案的。

但是，A并没有受伤，怎么会有血液呢?

参考答案

在乘凉时，由于蚊子不停地吸A和B的血，A打死了不少蚊子。这样，落在现场的蚊子身体中便留下了A的血液。

警方通过蚊子的血，检验出凶手的血型。

真正的凶手

一场混乱的枪战之后，某大夫的诊所里冲进一个陌生人。他对大夫说:"我刚才穿过大街时突然听见枪声，只见两个警察在追一个逃犯，我也参加了追捕。在你诊所背面的那条小巷里，我们遭到那个家伙的伏击，两名警察被打死，我也受了伤。"大夫从他背后取出一粒弹头，并把自个儿的衬衫给他换上，然后又将他的右臂用绷带吊在胸前。

这时，警长和地方议员跑了进来。议员喊:"就是他!"警长拔枪对准了陌生人。陌生人忙说:"我是帮你们追捕逃犯的。"议员说:"你背部中弹，说明你是逃犯!"

在一旁的小李探长对警长说:"这个伤号不是真凶!"

那么谁是真凶呢?

参考答案

议员是真正的凶手。他进诊所时，陌生人已经换上了干净的衣服，并且吊起了手臂，他不应该知道陌生人是背部中弹。

神机妙算拼智慧

自杀还是他杀

在一幢豪华别墅里,警方发现了一具女尸,看来是别墅的女主人。被杀害者是一名 20 岁的女子,自己身边有一封遗书,是用挥发性的笔誊写的。遗书的内容是说自己已心灰意冷,不愿生存,所以用手枪自尽。时间是 3 天前的中午。警探仔细地查看现场种种物品,看到那支笔在被杀害者手边不远处,笔帽在两三米远的地方。警探在用那支笔试写了一些字后,认为被杀害者不是自尽,而是被人杀害后,搬到这里的,现场是假象。

那么警探是根据什么线索这样推测的呢?

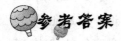参考答案

要是放了 3 天的笔,又没有盖上笔帽,那么一支挥发性强的笔是写不出字的。但它仍可以流畅誊写,证明笔放在此处不久。那么自尽他杀也就很清楚了。

林肯的信

温斯特检察官用放大镜看着一片残缺不全的破纸,喃喃低语道:"……在葛底斯堡大众广场,乐队奏着乐曲,人声鼎沸,人人唱着国歌涌向……"左右又被撕去,但下面的署名很明白:林肯。

站在一边的犯法实行室主任弗莱博士说:"这大概值几百万美元。"

"就林肯总统的一封不完全的信,值那么多钱?"检察官惊奇地问道。

弗莱博士点点头,表示道:"你瞧那一边。"

检察官轻轻地吹了声口哨，把纸片翻过来，一看，只见反面是环球驰名的葛底斯堡演讲的部门底稿！

弗莱博士说："我是偶然在我姐姐放在阁楼上的一本《圣经》里找到它的，我要对它做些查验，这要花上几天工夫。"

此后检察官告诉海尔丁博士说，弗莱博士用化学分析证明，那片纸是林肯的珍品。"我敢赌博，你肯定猜不出这一小片纸值多少钱！"

"大概一毛钱。"海尔丁慢悠悠地说，"可以把它卖给警察博物馆。"

聪明的读者，你能猜出海尔丁这是什么意思吗？

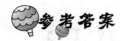 参考答案

林肯的手迹是伪造的，毛病就在于此中"国歌"两个字。《星条旗永不落》在林肯期间是一首很盛行的美国歌曲，但直到1931年才正式被定为美国国歌，所以在林肯执政时，美国还没有国歌呢。

聪明的间谍

一天夜里，间谍 J 潜入 K 公爵的住宅，从三楼卧室偷出一份重要的信件，正要离开房间时，不料听到了脚步声，K 公爵参加晚会回来了，J 的处境十分危险。幸好窗下有一条运河，J 若跳进运河就可以脱身，但顾虑信件会被弄湿。犹豫中看到自己的助手在对面的一幢房子的窗口向他打手势。J 想了想，想先把文件给助手，再只身逃走。他钻到窗外，站在窗台上，探身，伸手，很遗憾，还差七八十厘米够不着。手边又没有杆子或棍子之类的工具。对面楼房的窗台很窄，跳过去又没有落脚之处。又不敢把文件扔过去。一时，足智多谋的间谍 J 也束手无策。

J 急中生智，就这么干。什么工具也没用，就把信件安全地递给了助

手。然后，自己跳入运河逃走了。

请问你知道 J 是怎么把信件给助手的吗？

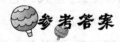参考答案

J 用脚趾夹住信件，助手也用脚趾接过去。两人伸出手如果还相差七八十厘米够不着，用脚的话就能够着了。

第三章　奇妙的结局

猖狂的窃贼

阿 D 的家在城市近郊。那是一幢别墅式的住宅,附近没有邻居,房子外面有一个大花园。

秋天的时候,阿 D 的夫人领孩子去外婆家,只有阿 D 一人在家,他每天都在公司吃过晚饭再回家。有一天晚上,当阿 D 回到家看到了这一幕:只见大门敞开,家里的一切都没有了,包括钢琴、电视机、录像机,就连桌子和椅子这些家具也全不见了,整间屋子空空如也。

这显然是被盗,但是令人不可思议的是窃贼怎么会这么大胆,大白天把阿 D 的东西都搬光了,并且,据说在窃贼们偷盗的时候,有两名巡逻警察还站在旁边看了一会儿热闹呢。请问你知道是怎么回事吗?

 参考答案

原来窃贼扮作搬家公司的工人,所以在不被人怀疑的情况下,在白天把阿 D 家的所有东西都搬走了。

神机妙算拼智慧

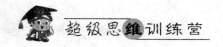
排行榜

比较一下圣诞节时和赛季末足球联盟的排行榜,发现前8支球队还是原来的那8支,不过只有一支球队的名次没变。从以下所给的提示中,你能填出圣诞节时和赛季末足球联盟前8位的排行榜吗?

 提　示

1. 罗克韦尔·汤队上升了3个名次,而贝林福特队到赛季末下降了2个名次。

2. 匹特威利队在圣诞节的时候是第2名,却以不尽如人意的第7名结束了本赛季。

3. 克林汉姆队在圣诞节的名次紧靠在格兰地威尔之前,但后来两队的名次均有所提升,而克林汉姆队提升的更大一些。

4. 圣诞节时排第5名的那个队在最后的排行榜中不是第4。

5. 米尔登队的球迷为他们队在本赛季获得第3名的好成绩而欢呼。这样在半赛季排名时,罗克韦尔·汤队的名次处在他们队之后。

6. 内德流浪者队的名次下降了,而福来什运动队在后半赛季迎来了好运。

7. 圣诞节时第1名的球队在赛季末只得了第5名。

球队:贝林福特队,福来什运动队,格兰地威尔队,克林汉姆队,米尔登队,匹特威利队,罗克韦尔·汤队,内德流浪者队

提示:关键是找出圣诞节时和赛季末处于同一排名的球队

推理

通过提示1，知道保持相同排名的不是罗克韦尔·汤队和贝林福特队，从第2跌到第7的是匹特威利队（提示2），而保持相同排名的也不是克林汉姆队和格兰地威尔队（提示3），也非内德流浪者队和福来什运动队（提示6），因此排除其他的可能后，我们知道只能是米尔登队，它最后取得了第3名（提示5），而在圣诞节时也是第3名。提示5告诉我们，中场时罗克韦尔·汤队是第4名，而最后取得了第1名（提示1）。贝林福特队到赛季末下降了2个名次（提示1），在圣诞节时它不可能是第7和第8，我们知道它也不可能是第2、第3和第4。既然我们已经知道了圣诞节时第3和第7名的队伍，而贝林福特队不可能从第1和第5开始下降的，所以只能从第6下降到第8（提示1）。从第1下降到第5的队（提示7）不可能是克林汉姆队和格兰地威尔队（提示3），也不可能福来什运动队（提示6），因为他们的名次都是上升的，所以只能是内德流浪者队。现在从提示3中已经可以知道，在圣诞节时，克林汉姆队是第7，格兰地威尔队是第8。剩下当时福来什运动队是第5。福来什运动队最后不是第4（提示4），所以肯定是第2名。最后，从提示3中知道，克林汉姆队以第4结束，而格兰地威尔队以第6告终。

参考答案

圣诞

1. 内德流浪者队

2. 匹特威利队

3. 米尔登队

4. 罗克韦尔·汤队

5.福来什运动队

6.贝林福特队

7.克林汉姆队

8.格兰地威尔队

赛季末

1.罗克韦尔·汤队

2.福来什运动队

3.米尔登队

4.克林汉姆队

5.内德流浪者队

6.格兰地威尔队

7.匹特成利队

8.贝林福特队

出行的女士们

上星期六,住在四个村庄的四位女士因为不同的原因,同时朝着离家相反的交叉方向出发。从以下所给的提示中,请你指出这四个村庄的名字、四位女士的名字以及她们各自出行的原因。

 提　示

1.波利是去见一位朋友。

2.耐特泊村的居民出去遛狗。

3.克兰菲尔德村是村庄4。

4.西尔维亚住的村庄靠近参加婚礼的人住的村庄,并在这个村庄的逆

时针方向。

5. 丹尼斯去了波利顿村，它位于举行婚礼的利恩村的东面。

村庄：克兰菲尔德村，利恩村，耐特泊村，波利顿村

名字：丹尼斯，玛克辛，波利，西尔维亚

原因：参加婚礼，遛狗，见朋友，看望母亲

提示：关键是先找出各个村庄的名字。

 推　理

通过提示3，得知村庄4的名字为克兰菲尔德，从提示5中知道，波利顿村肯定是村庄2，那么利恩村肯定是村庄1，而剩下村庄3是耐特泊村。村庄3的居民是出去遛狗的（提示2），从提示5中知道，她一定是丹尼斯。而婚礼举行在利恩村（提示5），参加婚礼的人住的村庄一定是村庄4，即克兰菲尔德村，因此，现在从提示4中可以知道，西尔维亚一定住在波利顿村，即村庄2。现在我们已经知道了村庄2和3的居民，以及村民4出行的目的，那么提示1中提到的去看朋友的波利一定住在利恩村。排除其他的可能后，我们最后知道玛克辛住在克兰菲尔德村，而西尔维亚出行的目的是去看望她的母亲。

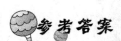 参考答案

村庄1，利恩村，波利，见朋友。

村庄2，波利顿村，西尔维亚，看望母亲。

村庄3，耐特泊村，丹尼斯，遛狗。

村庄4，克兰菲尔德村，玛克辛，参加婚礼。

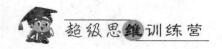

脚　印

　　日本著名女画家 A 被人刺死在自己别墅中，但凶手显然是个老练的杀手，在现场没有留下凶器，也没留下任何指纹或其他痕迹。后来发现地上有些穿袜子的女子脚印，开始时警察以为是女画家 A 留下的，通过鉴定知道，这不是 A 留下的，而是刺杀这名女子凶手留下的。

　　女画家所住的是一座独立的花园式别墅，没有邻居，但过路人曾目击一个穿长裙的西方女子和一个穿和服的日本女子，在女画家被刺杀期间分别在房子附近徘徊过。

　　这两个女子中谁有可能是凶手呢？警方人员根据现场调查，很快就抓到了凶手。

　　现在请问你知道谁是凶手吗？

参考答案

穿和服的日本女子疑点大,看地上的脚印就知道了。日本人进到屋子里都习惯于脱掉鞋子,西方人则没有这个习惯。

大亨的儿子与轿车

果酱大亨威尔弗雷德·约翰的五个儿子都开着新款的豪华轿车,但他们的车牌都是老式的。因为他们的车牌都是印着家族之姓的私人车牌(像威尔弗雷德的劳斯莱斯车牌为 AlJAR)。从以下所给的提示中,请你推断出他们各自的车牌号、制造商以及车的颜色。

提示

1. 埃弗拉德·约翰的车牌和那辆江格车的车牌首字母相同。

2. 安东尼·约翰开着一辆兰吉·罗拉。

3. 默西迪丝的车牌号不是 W786JAR,它不是蓝色的。

4. 那辆黑色车的车牌号是 R342JAR。

5. 伯纳黛特·约翰的车牌号的每个数字比那辆红色的法拉利车牌号均要大1,最小的兄弟的名字要比法拉利的主人的名字短。

6. 克利福德·约翰的车是白色的,但不是那辆车牌号为 W675JAR 的卡迪拉克。

名:安东尼(Anthony),伯纳黛特(Bernard),克利福德(Clifford),迪尼斯(Denys),埃弗拉德(Everard)

推　理

　　通过提示5,得知那辆红色的法拉利车不是伯纳黛特的,也不是迪尼斯的(提示5)。安东尼开兰吉·罗拉(提示2),而克利福德的车是白色的(提示6),因此红色的法拉利肯定是埃弗拉德的。卡迪拉克的车牌号是W675JAR(提示6),从提示1中知道,埃弗拉德的法拉利和那辆江格的车牌是T564JAR或者是T453JAR。因此,W786JAR不是法拉利、江格和卡迪拉克的车牌号,也不是默西迪丝的(提示3),而只能是兰吉·罗拉的车牌号,是安东尼所开的车。那辆黑色车的车牌是R342JAR(提示4),而克利福德的白色汽车车牌不是W675JAR的卡迪拉克(提示6),所以它的车牌肯定是T开头的,一定就是江格车(提示1)。通过排除法知道,那辆黑色车牌是R342JAR的车一定是默西迪丝。安东尼的兰吉·罗拉不是蓝色的(提示3),那么肯定是绿色的,而卡迪拉克一定是蓝色的。伯纳黛特的汽车车牌号上的每个数字比埃弗拉德的法拉利车牌号均要大1(提示5),后者不是T453JAR,因为如果后者是T453JAR的话,那么T564JAR就是江格的车牌号(提示1),那么伯纳黛特汽车的车牌号就不可能有了,所以埃弗拉德的法拉利车牌号一定是T564JAR,而从提示5中知道,伯纳黛特汽车是那辆车牌号为W675JAR的蓝色卡迪拉克。剩下车牌为R342JAR的黑色默西迪丝是迪尼斯的汽车。最后,知道克利福德的江格车号为T453JAR。

参考答案

　　伯纳黛特,W675JAR,卡迪拉克,蓝色。
　　安东尼,W786JAR,兰吉·罗拉,绿色。
　　克利福德,T453JAR,江格,白色。
　　埃弗拉德,T564JAR,法拉利,红色。

迪尼斯,R342JAR,默西迪丝,黑色。

棒球比赛

乡村棒球队正在比赛,有四位替补选手正坐在替补席上准备上场。通过下面的提示,你能推断出这四位选手的名字、赛号以及每个人在球队中的位置吗?

提　示

1.6 号是万能选手,准备下一个出场,他左侧紧靠着帕迪。

2.尼克是乡村队的守门员。

3.7 号不是旋转投手。

4.图中 C 位置被乔希占了。

5.选手 A 将在艾伦之后出场。

6.9 号是坐在长凳 B 位置的选手。

姓名:艾伦,乔希,尼克,帕迪

赛号:6,7,8,9

位置:万能,快投,旋转投手,守门员

提示:关键是先找出万能选手坐的位置。

推　理

通过提示 6,B 位置上的是 9 号选手。万能选手 6 号不可能在 A 位置上(提示 1),而 C 位置上的选手是乔希(提示 4),提示 1 提示位置 D 上的不可能是万能选手,则万能选手肯定是 C 位置上的乔希。现在,通过提示 1 可以知道,帕迪一定是位置 B 上的 9 号选手。我们现在已经知道 A 不是帕

神机妙算拼智慧

迪,也不是乔希,提示5排除了艾伦,那么他只可能是尼克,他是乡村队的守门员(提示2),最后剩下艾伦在D位置上。现在,从提示5中知道,艾伦一定是7号,尼克则是8号。而艾伦一定不是旋转投手(提示3),那么他一定是快投,所以知道了剩下旋转投手是帕迪。

参考答案

选手A,尼克,8号,守门员。

选手B,帕迪,9号,旋转投手。

选手C,乔希,6号,万能。

选手D,艾伦,7号,快投。

密码有谁知道

有一位大亨的遗孀,年岁很大,身体又差,她生性古怪,自个儿一个人孤单地住在一座大宅里,陪伴着她的只有一只会言语的鹦鹉,好像她的兴趣便是教鹦鹉学习语言。

这位老夫人有个远方的侄女,是个很讨人喜欢的女士,老夫人近来感到身体特别不好,就想把自个儿的产业都留给她。因为她没什么文化,眼睛又不大好用,就请人给侄女写了封信,嘱咐她赶快到这里来,但为了保密,信上没写保险柜的密码,只说:要是我等不到你来就死了,也没关系,我已经把一切都准备好,她会告诉你密码,她是我最可靠的朋友。

没过几天,老夫人突然发病,而且不幸去世了。老人没能等到侄女的到来。等到为老夫人办理完后事,侄女想起那封信来,但等了几天,也没人告诉她密码。不过侄女很聪明,她向邻居们打听看了老夫人生活的有关情况后,终于知道应该向谁去问密码了。

　　因为老夫人性格古怪,不愿与人往来,也没有密切的朋友,所以她不会将密码告诉任何人。但是她信中却说她已经准备好了,联想到她每天都教鹦鹉语言,那么,能告诉女士密码的只可能是鹦鹉。

监守自盗

　　S市最大的珠宝店于某日凌晨被盗。

　　值夜班的阿B说,夜间没有听到动静,早晨起床后,他打开大门准备擦

神机妙算拼智慧

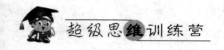

洗橱窗时,才发现橱窗玻璃被人割了一个大洞,一个贵重的钻石被偷了。

警方接到报案后,立即赶到现场调查。由于现场没有留下指纹,也没有任何其他痕迹,只是有的警察注意到玻璃是用很高级的玻璃刀割开的,破口处很整齐。

警方对着案子无从下手时,恰好这时有人发现阿 B 卖掉那只钻戒,于是立即将阿 B 逮捕。但是在阿 B 的家里并未发现玻璃刀之类的作案工具,阿 B 也确实不是用玻璃刀作的案。

请问阿 B 是用什么把玻璃割破的呢?

参考答案

阿 B 从商店橱窗里面拿走钻石戒指,然后又用那只钻石戒指去割破橱窗玻璃,故意制造假象,欺骗警方。

妙分红薯

一个农民死时立下遗嘱,将仅有的十五个红薯分给他的三个儿子:大儿子可得全部的二分之一,二儿子可得剩下的三分之一,三儿子得哥哥们分剩下的。

惋惜的是三个儿子一直关系不好,都非常算计,半个红薯很不好切,每个人又都肯定要自个儿应得的一份,为了此事,三个人争吵不停。

事情吵到村长那边去了,村长认为农民这样分配红薯,是想检验三个儿子的智慧,并盼望他们兄弟和好。

不到两分钟,村长就想出一个好法子,这法子可以使他们三个都得到自个儿的那一份,不会因分得不公正而辩论,村长是怎样分配的呢?

村长的法子是将红薯烧成红薯粥，这样则可以按应得的份来分。

玫瑰花

在某都市郊区别墅里，住着一位单身男青年。清晨，有人发现这位青年被人杀害在房间里。

死者斜躺在客厅地上，手中紧握着一朵玫瑰花。这朵玫瑰代表着什么意思呢？公安人员为此大伤头脑。

在警方全力侦破下，找到被杀害者被害的理由不外三条：

一是同父异母的姐姐夺取遗产继承权；

二是女友另有所爱，二人反目成仇；

三是与邻居发生争吵。

几位负责此案的警察正在苦苦研究，女打字员刚好从附近走过，刚听了几句，就笑着说："这么简单的意思你们还不明白，你们赶快去翻翻百科全书，或是有关花的参考书，看看玫瑰花代表什么，就会知道凶手正是他的女友。"

这位女打字员是根据什么判断的呢？

参考答案

给女性送花是很有说道的，男的向恋人表现爱情时送的是玫瑰花。这位男青年被杀害之前还从花瓶里揪出一朵玫瑰花，正是表示凶手是他的女友。

天网恢恢疏而不漏

某公司总经理杜洪的夫人被杀,法医断定殒命时间是当天上午 10 时至 11 时。

警方怀疑杜洪是凶手,而杜洪又刚好是 11 时才回到公司的,又提不出任何自个儿不在场的证明。但是杜洪认为法医判断的殒命时间有误,理由是在 11 时 30 分和 12 时,他两次让女秘书在办公室代他给夫人打电话,而他家里的电话都占着线,说明他夫人当时还活着。

警方查问了女秘书,证明确有此事,再查验杜洪家里的电话,并没挂起,上面也只有夫人和杜洪的指纹。

是不是法医错了呢? 但杜洪确实有许多疑点呀! 各人正在百思不得其解时,有个侦察员突然注意到杜洪办公室里有两部电话,猛然觉醒,说:"我明白是怎么回事了!"

聪明的读者,你现在也明白了吗?

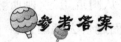参考答案

两部电话接通后,要是一部电话挂断,另一部不挂断,电话是打不进去的。杜洪作案前先给夫人打电话,然后不挂断办公室这部电话,他开车赶回家作完案后,再让女秘书用办公室另一部电话给夫人打电话,结果自然是占线,杜洪企图以此作为他不在场的证明。

服装比赛

一年一度的夏日嘉年华服装比赛,这次有 3 个自豪的母亲带着各自的小孩去参加这个比赛,并且赢得了前 3 名的好成绩。从以下所给的提示中,你能将这 3 位母亲和她们各自的孩子配对,并描述出各小孩的服装以及他们的名次吗?

 提 示

1. 紧跟在丹妮尔的孩子的后面是穿成垃圾桶装束的小孩。

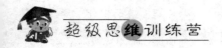
2. 获得了第 3 名的是杰克的服装。

3. 埃莉诺的服装像一个蘑菇。

4. 梅勒妮是尼古拉的母亲，第 2 名不是尼古拉。

推　理

通过提示 2，杰克获得了第 3 名，因此他的母亲不可能是丹妮尔（提示 1），而梅勒妮是尼古拉的母亲（提示 4），那么杰克只能是谢莉的儿子，所以剩下埃莉诺是丹妮尔的女儿，埃莉诺的服装像个蘑菇（提示 3）。通过提示 4，知道尼古拉不是第 2 名，我们知道她也不是第 3 名，所以她一定是第 1 名，剩下埃莉诺是第 2 名，从提示 1 中知道，排名第 3 的杰克穿成垃圾桶装束，所以剩下第 1 名的尼古拉则穿成机器人的样子。

参考答案

梅勒妮，尼古拉，机器人，第 1 名。

丹妮尔，埃莉诺，蘑菇，第 2 名。

谢莉，杰克，垃圾桶，第 3 名。

巧揭贪官

清朝末年，在某次科举考试中，主考官假公济私，极尽贪污受贿之能事。

揭榜那天，凡暗地里送厚礼打通关节者，皆榜上有名；而那些布衣寒士，不论才气学问怎样出众，却只能名落孙山。

有位落第才子，对主持考试的主考官切齿痛恨，愤然提笔写下一副讽刺对联,夜半时分贴于考场门前。

上联是:少目焉能识文字

下联是:欠金安可望功名

横批为:口大吞天

第二天,学府门前哗然,人们纷纷议论。

对联奇妙地把这个主考官的姓名藏在此中,将他揭发于众,知其意者无不拍手称快。你能猜出这个主考官的姓名吗?

参考答案

这个贪赃受贿的主考官叫吴省钦。

河滨命案

古时间,苏州有一个贩子名叫贾斯,他往常外出做买卖。这一天晚上,他雇了舟子的小船,约好第二天在城外寒山寺上船出行。

第二天,天还未亮,贾斯便带着许多银子离家去寒山寺。当日光已照在东窗上,贾斯之妻听到有人仓促打门喊道:"贾大嫂,贾大嫂,快开门!"贾妻开门后,来的舟子便问:"大嫂,天不早了,贾老板怎么还不上船啊?"

贾妻顿感惶惑,随舟子来到寒山寺河滨,只见小船停在河上,贾斯却失踪了。

贾妻到县衙门去报案,县令听了她的诉说后,便断定杀害贾斯的是舟子。

为什么?请聪明的读者推理一下。

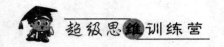
参考答案

舟子到贾家叫门时喊"贾大嫂开门",这不合常理,舟子找的是贾斯,他应该喊贾斯来开门,这说明他内心知道贾斯不可能在家,因为正是他杀害贾斯的。

彩　虹

雨停了,阳光从云层里射出耀眼的光芒。

"噢,已经4点了。"F警长从躲雨的小店离开时,看了看手表。他抬头时,偶然中看到天上有一道绚丽的彩虹。

F警长回到办公室不久,警察带进3个人来。他们当中有一人在4点整时抢了一家银行。于是F警长分别询问他们4点钟时都在干什么。

"4点钟时我正在公园里,当时西边天空出了一道彩虹,我站在那边欣赏了好一段时间。"A说。

"我当时在书店里,雨停了才走出来,我也看到彩虹,但我可没注意彩虹在什么方向。"B说。

"我4点时正站在桥上,看到东边天上出了彩虹,还没等我好好欣赏一番,就莫名其妙地被你们带到这里来了。"C说。

F警长听完这3个人的叙述后,当即指出此中一人在说谎。他怎么会知道的呢?

参考答案

彩虹是天空中微小的水滴在太阳照射下所产生的自然现象,因此,彩

虹只能出现在与太阳位置相反的方向上。下午 4 点时太阳在西方,彩虹只能出现在东方的天上,所以 A 是在说谎。

上班迟到了

在这周的工作日,5 个好友因为晚上出去参加了一个聚会,结果,他们第二天都睡过头了,他们每个人都迟到了。从以下所给的提示中,请你说出这 5 个人的名字、他们各自的工作以及分别迟到多长时间。

1. 迈克尔·奇坡他不是邮递员。

2. 赛得曼上班迟到整整 50 分钟。

3. 那个过桥收费站工作人员迟到的时间比鲁宾少 10 分钟,后者姓的字母是偶数位的。

4. 克拉克迟到的时间要比砖匠少 10 分钟。

5. 教师迪罗要比斯朗博斯稍微早一些。

6. 兰格是一个计算机程序员。

7. 思欧迟到了半小时。

名:克拉克(Clark),迪罗(Delroy),迈克尔(MIchael),鲁宾(Reuben),思欧(Theo)

姓:奇坡(Kipper),兰格(Langer),耐品(Napping),赛得曼(Sandman),斯朗博斯(Slumber)

超级思维训练营

推 理

通过提示2，我们知道赛得曼迟到了50分钟，从提示3中知道，鲁宾不可能迟到1个小时，而老师迪罗（提示5）和克拉克（提示4）都不可能迟到1个小时，而思欧刚好迟到了半小时（提示7），所以是迈克尔·奇坡迟到了1小时。他不是邮递员（提示1），我们也知道他不是老师，而计算机程序员是兰格（提示6）。提示3排除了迈克尔·奇坡是收费站工作人员的可能性，收费站工作人员不可能迟到了1小时，所以迈克尔·奇坡一定是砖匠。从提示4中知道，克拉克肯定是赛得曼，他迟到了50分钟。现在我们已经知道老师迪罗不是奇坡、兰格和斯朗博斯，也不是赛得曼（提示5），那么他只能是耐品。我们知道，收费站工作人员不是奇坡和兰格，那么从提示3中知道，他的姓是斯朗博斯。他不是鲁宾（提示3），所以他一定是思欧，迟到了30分钟，剩下鲁宾就是兰格，计算机程序员，从提示3中可以知道，他迟到了40分钟。排除其他的可能后，我们知道克拉克·赛得曼一定是邮递员，而老师迪罗·耐品是迟到了20分钟的人。

参考答案

迪罗·耐品，教师，20分钟。

克拉克·赛得曼。邮递员，50分钟。

迈克尔·奇坡，砖匠，1小时。

思欧·斯朗博斯，收

费人员,30 分钟。

鲁宾·兰格,计算机程序员,40 分钟。

晚宴被害者

别墅的小屋内发生了一起凶杀案,被杀害者是饮食范畴的畅销书作家加里。他往常收到恐吓信,预感自个儿会有生命危险,所以,委托罗比探员来保护自个儿。

当罗比受委托来到加里先生的别墅时,发现在饭厅的餐桌上,摆满了经心烹制的菜肴,而加里先生坐在餐桌前,面对丰盛的饭菜,围着围巾,两手拿着刀叉,像是正要用餐,却一动不动。上前一看才发现加里在罗比到来之前已经气绝身亡。

"这……"罗比惊奇地低喊出声。

但罗比终究还是有经验的探员,所以在冷静之后,便开始验尸。

"从遗体腐败的程度来看,已经被杀害四五天了。"罗比思忖着。

"但是……这些菜看样子没做多久,大概是凶手昨晚又来到这里做的……凶手到底为什么做出这么稀罕的举动呢?"这个疑问不停在罗比的脑中萦绕。随后,他报了警。

警方锁定了三个嫌疑人,他们都是委托加里先生写稿的出版社的编辑,而且都和加里先生有过节。被杀害者遇害的 7 月 9 日至 11 日期间,他们都住进加里住宅附近的旅店等候完稿。罗比估计这三个人中的一个人和加里发生争吵,临时冲动杀了他。于是,罗比决定查问这三个人。

首先是嫌疑人阿曼的供词:"我是在 9 日晚上到加里先生的别墅去催稿的。当时门没有上锁,我叫门他也没有回应。不过房间里面有咖啡的味道,我猜他大概在工作,所以没有和他打招呼便走了。"

"那么关于其他两人你都知道些什么?"罗比接着问。

"这个……克罗 11 日清晨从加里先生的别墅回来后,说加里先生正在呼呼大睡。鲍尔默是在 10 日上午去的,回来后很生气地说加里先生去散步了,不在家。"

之后罗比传唤了鲍尔默。

"我是 10 日上午去加里先生家的。按了很久的门铃也没有人回应,我想他很大概去散步了,然后就走了。"

"那你是不是很生气?"罗比问道。据阿曼的供词,鲍尔默当时应该很生气。

"哦? 我生气? 没有这样的事。"鲍尔默很快就否认了。

"其他两人……哦,阿曼是在 9 日晚上去的,而且他去了好久都没回来。10 日天气突然变坏了,又打雷又下雨,连旅店的电闸都跳闸了。11 日的早上,克罗去了加里家。"

"电闸是什么时间跳闸的?"罗比对停电这件事很感兴趣。

"好像是在晚饭前。"

末了是对克罗的查问。

"对! 他俩说得没错。我确实是在 11 日早上拜访加里先生的。不过在门口听到他打呼噜的声音,我以为他在睡觉,所以就走了。而且当时门没有锁……阿曼是 9 日去的吗? 不……我没听说,不过我知道 10 日下午鲍尔默去了那里,回来之后很生气……"

听完 3 人的供词,罗比已经确定了凶手,但是还没有证据。罗比把这件案子讲给他的一个老朋友听,那位老朋友是一个侦探迷,听完之后很感兴趣,并且坚持要去破案。但是他想了几日都没有头绪,却不肯放弃。

"那好吧!"罗比无可奈何地叹了口气:"既然你这么执着,那我给你一个提示:在那顿丰盛的饭菜里,还差了一道菜,那便是沙拉。"

"沙拉? ……啊! 我明白了!"朋友豁然开朗。

那么,聪明的读者能猜出来哪一个是真正的凶手吗? 而且在餐桌上摆上那些经心烹制的菜肴又是为什么呢?

凶手是克罗。他说 11 日的早上去加里先生家时，听到加里先生打呼噜的声音，那是在说谎，其实那个时间加里先生已经被杀害了。

克罗在 10 日下午就去过加里先生家了，两人产生辩论，他失手杀死了加里先生，之后就急忙逃走了。11 日早上他特意去加里先生家附近走了一趟，回来后对其他两人说听见加里先生打呼噜的声音。凶手原来以为这样就万无一失，但是他却突然想起来一个很大的疏漏：10 日晚上电闸跳闸了！因为停电，所以冰箱的电源也就断了。在酷热的夏季，住过这几天的时间，冰箱里的食物，已经全部腐败了！要是不把腐败的食物处理掉，这些食物就会证明加里先生是在停电前被杀害的。因为要是当时加里先生还活着，那么肯定会把电闸重新推好。这样一来，克罗是凶手这个真相就很明显了。

但是把冰箱里的食物全部扔掉，警察肯定会怀疑，从外面买来新的食物放进去也同样会引人怀疑，因为别墅里的食物是有专人负责送的。所以处理掉腐败食物的办法只有一个：把它们全都做成菜。而这也是为什么会没有沙拉的原因。因为煮过的食物很难看出来它是腐败的，但是沙拉就不行了。

神机妙算拼智慧